交通安全的思与辩

从重大交通事故谈我国道路交通安全现状与问题

郭腾峰　著

（中交第一公路勘察设计研究院有限公司）

U0293954

人民交通出版社股份有限公司
China Communications Press Co.,Ltd.

图书在版编目（CIP）数据

交通安全的思与辨：从重大交通事故谈我国道路交通安全现状与问题 / 郭腾峰著. —北京：人民交通出版社股份有限公司，2019.5

ISBN 978-7-114-15369-3

Ⅰ.①交… Ⅱ.①郭… Ⅲ.① Ⅳ.①交通运输安全—研究—中国 Ⅳ.①X951

中国版本图书馆CIP数据核字（2019）第043926号

书　　名：交通安全的思与辨：从重大交通事故谈我国道路交通安全现状与问题
著 作 者：郭腾峰
责任编辑：李　瑞
责任校对：刘　芹
责任印刷：刘高彤
出版发行：人民交通出版社股份有限公司
地　　址：（100011）北京市朝阳区安定门外外馆斜街3号
网　　址：http：//www.ccpress.com.cn
销售电话：（010）59757973
总 经 销：人民交通出版社股份有限公司发行部
经　　销：各地新华书店
印　　刷：北京虎彩文化传播有限公司
开　　本：720×960　1/16
印　　张：13.5
字　　数：189千
版　　次：2019年5月　第1版
印　　次：2022年9月　第1版　第3次印刷
书　　号：ISBN 978-7-114-15369-3
定　　价：50.00元

（有印刷、装订质量问题的图书由本公司负责调换）

前　言
PREFACE

改革开放40年以来，我国公路基础设施建设取得了世界瞩目的成就。但由于我国尚处于工业化快速发展期，各类体制机制有待健全，各类矛盾冲突有待进一步化解，道路交通安全、拥堵等问题比较突出，交通安全形势颇为严峻。据统计，我国2016年度各类道路交通事故数高达864万起，交通事故死亡人数约6.3万人，其中发生10人以上死亡的重（特）大道路交通事故11起。

由于重大事故往往导致生命和财产的重大损失，每起重大道路交通事故都受到了国家、相关部委、各级政府部门乃至广大民众的高度关注。作者注意到，在多起重大事故调查阶段，各类对事故原因、事故责任、应急处置情况，以及如何防范事故等讨论铺天盖地，充斥了各大媒体版面和网络空间。其中不乏对我国道路设计、建设与管理方面质疑的声音。作为一名交通行业的从业人员，作者结合从事道路设计、交通安全科研、重大事故调查、道路安全评价与整治，尤其是参与相关标准规范研究、编制、翻译等工作经历，基于个人对道路设计原理、世界各国道路标准、安全系统工程等的掌握与认识，自发编写并公开发表了一系列文章。这些文章一方面从专业角度回应了关于道路因素（包括道路、安全设施、标准规范等）的质疑，阐述了作者对我国当前道路交通安全现状、存在问题等的辨识与结论；另一方面向广大民众介绍了道路设计原理与依据、我国公路建设程序、技术标准规范及相关道路交通安全知识等。

本书是作者结合“陕西安康京昆高速8.10特别重大道路交通事故”“陕西咸阳5.15特别重大道路交通事故”“甘肃11.3兰海高速公路重大道路交通事故”等重大事故编写的多篇相关问题讨论文章的汇编。作者希望通过这些文章，能为相关部门、民众客观认识我国道路交通安全形势与存在问题，准确辨识事故原因与人、车、路、环境与管理等因素之间的关系，及时把握我国交通安全的主要矛盾和关键问题，进而开展针对性治理与处置，有效遏制各类交通事故发生等，提供参考。

另外，为向读者介绍澳大利亚公路指标与中国规范的对比情况，本书特收录了第22章。该章内容已征得作者田引安先生的授权。

声明：

1. 本书中对相关问题的讨论，仅为作者个人观点，不代表任何组织或单位；

2. 限于作者专业水平等原因，书中难免存在错误，欢迎读者批评指正。

作者

2019年1月

目　录

CONTENTS

8.10 秦岭隧道事故思考

何为道路绝对安全

（2017 年 8 月 23 日）

“陕西安康京昆高速 8.10 特别重大道路交通事故”发生之后，笔者作为交通从业者，一直在关注网络上关于事故的讨论，也陆续发表了个人对秦岭隧道设计、宽容设计等方面的认识和观点。笔者注意到，近期有交通安全方面的专家提出了“合标合规的高危路段比比皆是”的新观点，并且宣称“符合标准只是名义上安全，不是绝对的安全”。

长期以来，关于道路交通事故致因的争论就一直存在。笔者在对上述专家及网友的观点（参见以下各部分的小标题）进行总结的基础上，逐一进行分析讨论，指出其中存在的逻辑问题和错误推断。

1.1 道路上事故多，就说明道路有问题

坚持这个观点的人不仅仅是普通网友，还有交通安全管理方面的专家和从业人员。这一观点的基本逻辑是：全国有这么多道路，一条道路有这么多路段，为什么总是这个路段出交通事故呢？说明是这个路段的道路

有问题！与这个说法相反的说法是：每天通过这个路段的车辆和人员有千千万，为什么别人都不出事故，偏偏只有你这一辆车、这一个人出事故呢？必然是你这辆车，你这个人有问题嘛！这两种看似合情合理的推论，实际上存在着一个再简单不过的逻辑错误——错误归因。

众所周知，道路上出现事故的原因是多方面的，即便是一起事故，也可能是多个因素共同作用的结果。那么，在不分析说明事故具体原因的前提下，只因为事故多，就直接定罪道路有问题，要求道路进行各种整改，岂不是太缺乏科学性、太随意了吗？有部门每年发布的“全国十大危险路段”信息，就是这样一个让人哭笑不得的公开性文件，使得一条道路在不明自己错在哪里的情况下，就被定罪，被戴上了危险路段的黑帽，而且必须要被整改了！

可是，根据公安部相关统计资料，我国道路交通事故主要是由人和车不规范操作的因素引起的，几乎各类道路事故中 90% 以上的事故都是直接由人、车的因素引起的，包括违法、违章、违规等；而由道路设施问题引起的交通事故仅占到事故总数的 1%，甚至更低。那么，面对“事故多就是道路有问题”的观点，面对公开发布“全国十大危险路段”的警示信息，笔者不禁要问：既然明明事故主要是人和车的因素引起的，事故的直接和主要致因不是道路及设施，那么在未开展事故统计分析、未进行事故致因分析、未发现事故与道路之间的因果关系、未公布事故调查结论的前提下，直接判定道路有问题的理由、依据是什么呢？

1.2 符合技术标准，并不代表就是安全的

当对事故发生路段的道路及设施进行核查，没有发现因路况直接导致事故的原因或其他明显致因时，一些人包括安全专家们，就开始转向道路设计建设标准开炮了！那就是，道路设计与建设符合国家和行业的相关技术标准规范，但并不意味着道路就是安全的，仍然存在安全问题或隐患！于是出现了“合标合规的高危路段比比皆是”的新说法，甚至有善于总结

的专家明确发表意见：道路符合标准不代表道路就是安全的，事故才是检验安全的唯一标准！

也有专家竟然认为：道路只讲建设，不讲安全，建设要求的高标准、高质量，与能满足安全要求完全是两码事！这样的言论不禁让人哑然失笑：狼要吃小羊，不管小羊再谨小慎微，功课做得再好，但就是要吃你，没问题也要给找出问题来的！

专家们岂不知，道路设计首要的前提条件就是要保证车辆和人员的安全的！无论是道路设计的平纵几何指标要求、还是道路断面形式和宽度的要求，或者对路侧安全设施、标志标线设置等的要求，还是隧道工程对机电照明、通讯等等条件要求，本身就是从保证道路正常通行安全出发的。因此再次强调，道路工程设计和建设符合相关技术标准规范，就表明在正常情况下这工程是达到了道路通行安全性条件的。

1.3 如果道路合标合规，那就是道路设计的标准有问题

有专家讲了很多关于国外采用哪些安全措施、哪些做法的内容，但发表质疑和指责时，却从来没有对比指出过中外道路和安全内设施的技术标准存在什么样的问题？内外的差异在哪里？ 恐怕专家是回答不了的，也找不出来答案的。原因可能是：一，专家除了对国外的措施做法有浅层认识之外，并无深入调查对比研究；二，我国道路交通行业对国际标准规范的研究，已经相对比较全面了，早就进行了消化吸收，并跨入了再创新的阶段。

今天，在全世界范围内，中国的道路交通基础设施的建设成就是非常惊人的，这是有目共睹的事实。而这与中国经济发展紧密相关的同时，与中国道路交通领域技术标准规范的研究、编制和发展走在世界的前列是密不可分的。据笔者掌握，中国道路相关的技术规范、修订变化是全世界最快、最及时的。毫不过分地说，中国道路标准的安全设计水平，已处于世界领先水平。

综上，笔者建议质疑者，首先要对中外道路技术标准进行对比研究，不应总是基于对国外的浅层认识和个人经验，来评价国内的安全设施和技术标准。另外，建议专家能同时对国内、外的民众交通守法意识、社会安全教育、道路安全管理与执法等情况一并进行对比研究。否则，总是批评道路标准有问题，但除了空谈却提不出具体问题来，岂能以理服人。

1.4 欧美发达国家做什么，我们就应学习做什么

在很多场合，似乎我们都可以听到有专家和学者，基于其在欧美国家考察、工作、学习的经历侃侃而谈，美国是如何做的，采取了哪些措施。进而默认我们也应该这么做，增加哪些设施或者采取措施等，包括在科研领域。概括其逻辑就是：美国都这么做的，我们也应该这样做嘛。

诚然，中国在很多方面确实与欧美国家存在差距，但向发达国家学习借鉴时必须首先弄清楚自己与别人的差异在哪里，为什么存在这些差异，差异是如何产生的，国外的理念、做法、措施是否适用于中国的实际情况等等。否则，不分青红皂白地向别人学习枝梢末节，照搬别人的做法，岂不是邯郸学步吗？

就道路交通安全而言，尽管全世界的道路交通事故的规律必然是相同的，无外乎人、车、路及环境等多方面因素，而且人、车因素占比较大。但中国道路交通事故与发达国家却存在以下两个方面巨大的差异：一方面，当然是事故总数和事故危害远远大于发达国家，这是众所周知的；而另一方面也是笔者想重点强调的，中国道路交通事故致因中，人的违法、违章、违规和车的非正常状态等占到了更大的比例。

下面是发达国家道路交通事故致因示意图（图 1）和中国道路交通事故致因示意图（图 2）。

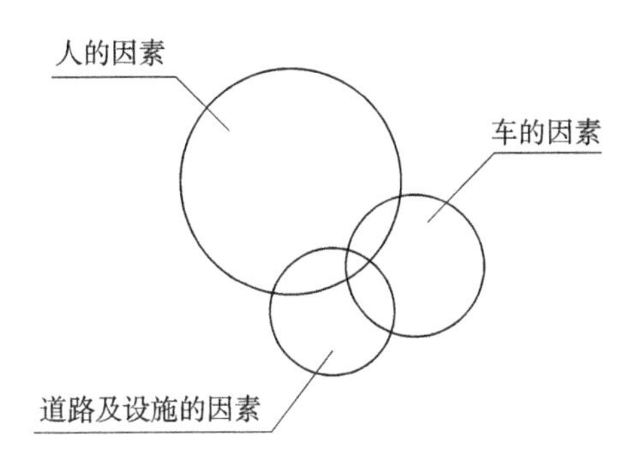

图 1　发达国家道路交通事故致因示意图

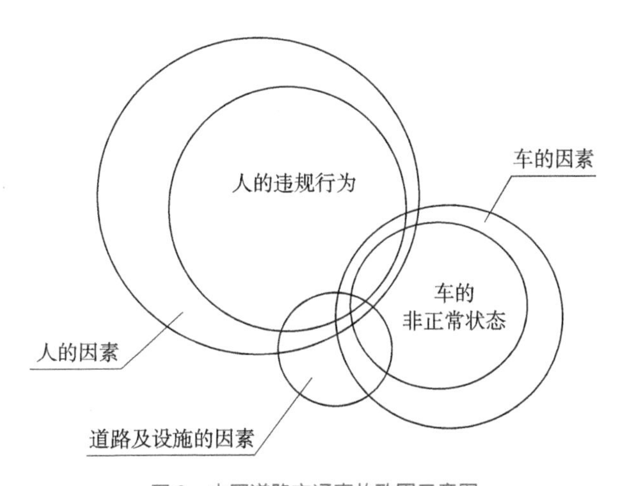

图 2　中国道路交通事故致因示意图

图 2 中的情况和各因素的关系，是我国道路安全事故的客观反映。面对这个差异，今天我们要遏制道路交通事故的严峻形势，必然首先是从对人的违法、违章、违规等问题，以及车辆安全状况的管理入手，而不是舍本逐末，总是在道路及设施条件上找问题、做文章。

笔者并不反对学习和借鉴发达国家的先进的东西，但只有真正掌握、并客观认识上述差异和特征，我们才能客观、积极地认识自己，认识别人，才能真正实现取彼之长，补己之短！

1.5 “事故才是检验安全的唯一标准”

包括秦岭隧道事故在内，在首先明确事故存在驾驶人或车辆“违法、违规”的前提下，却有专家特别强调道路“合标合规，不代表安全”，这又是基于什么逻辑和考量呢？为什么不首先对人、车违法、违规情况进行深入剖析和讨论呢？难道因为事故本身已经给违法者和其他无辜者造成了伤害，我们就能改变事故和致因的本来性质吗？

前面相关文章中强调，全世界所有道路的设计都是以合法、合规的人、车和环境等条件作为基准条件的，道路显然是不能保证在违法违规情况下的安全的。因此，笔者指出，如果事故明确存在人和车的违法违规情况时，就不应该作为讨论道路及设施安全性的案例。

在对全国多条山区高速公路长大纵坡事故的调查中发现，几乎所有事故均是由车辆超载、超速，驾驶人违法、违章等因素直接引发的。虽然道路因为客观地形地貌等条件限制，纵坡较长较陡，但其设计都是合标合规的。值得关注的是，对大量驾驶人的问卷调查表明，只要驾驶人和车辆保证合法合规，这些山区高速公路的长大纵坡路段均是能安全通行的。每天有无数的货车安全通行，不就是证明吗？笔者认为：安全专家认为的“合标合规的高危路段”并非什么高危路段，而是完全能够保证合法人、车的通行安全的。事故集中，但却与道路无直接关系。

另外，笔者研读了某位安全专家关于高速公路长大纵坡安全行驶的材料，发现安全专家的观点、认识和结论中，都普遍存在一个简单的逻辑错误，那就是：试图要求道路保证违法、违章情况下的通行安全性！而这显然是错误的！当按照合法合规的人和车的通行条件去重新评价时，专家指出的道路问题均是不存在的，不成立的。

图3是安全专家认为的不安全的道路设计示例，理由是驾驶人在实际驾驶车时，一般会在图中道路上选择切线行驶，进而速度会加快，导致视距不足。笔者认为：图中道路明确是以双黄线分隔对向车道，禁止占用对向车道的，那么驾驶人怎么能违法选择切线行驶呢？道路是有限

速的，驾驶人违法超速，又怎么能指责、要求道路具备更高的视距条件呢？设计的基准条件就是不允许超车、不允许占用对向车道、不允许超速的嘛！

图 3

1.6 符合技术标准只是名义上的安全，并非绝对安全

此外，有善于总结提高的专家宣布“事故才是检验道路安全性的唯一标准”“符合标准规范，只是名义上的安全，不是绝对的安全”……在一些报道材料中，有从事道路交通安全管理或研究的专家，竟然就是这样认为的，也可能就是以这样的观点来处理事故的。

任何学习过安全系统工程理论和事故致因理论的人都明白，安全事故具有以下共同特征：必然性、偶发性、规律性等。安全从来就是一个相对的概念，不是一个绝对的概念。无论对哪个行业，并不存在所谓的绝对安全的。事故总是会发生的，这是其必然性决定的，事故发生只是时间问题。而我们要做的，就是要调查研究事故的规律性，加强对人、物的管理，从而最大限度地减少和减轻事故。作为从事道路交通安全的管理者、专家，似乎并不掌握这些基本安全常识，怎么能以绝对的安全性来评价道路，要求道路设计，研判事故的致因呢？

在这里，试问一些安全专家，如果以事故发生作为最终的评定标准，那么根本就不存在安全的公路，因为发生事故是必然的。假如有道路完全按照专家的意见进行整改，专家就能给出这条道路是绝对安全的结论了吗？显然是不能的。如果专家自己都不能保证绝对安全，又怎么能要求道路设计、建设和管理达到绝对安全呢？这似乎还是那个狼和羊的故事，无论小羊怎么做，羊总是错的，而狼总是对的！

在我们的生产生活中，无论是制造工厂、煤炭矿井，还是道路与建筑工程，在设计、建设乃至制造、运输等环节中，都是遵照各自领域的技术标准、规范、规程去开展的。如果“事故才是检验安全的唯一标准”，试问各行各业今天该如何开展各类生产和作业呢？依据什么呢？

1.7 技术标准只是某个设计单位编制的，不具备代表性

对于道路工程而言，所谓的安全就是基于我们今天的认识水平、技术条件等，认为工程对象达到了相关的安全要求和条件了。具体是哪些条件呢，需要通过相关的科研调查，编制对应的技术标准、规范来载明，然后统一要求所有人、所有项目都执行。因而，技术标准就是一个时期内，一个行业、一个系统对安全和工程技术等的统一认识。

据笔者掌握，公路行业大致遵循十年一个周期对标准规范进行滚动性研究编制的机制。这在其他行业，在国际范围内应该是属于发展较快的。在一部技术标准的编制和修订过程中，不仅行业主管部门会给出明确的修订指导意见，包括行业发展技术政策的更新等，而且还需要经历立项、大纲、初稿、送审、征求意见、总校、送审、报批等多个不同阶段，非常广泛地听取各级交通主管部门、全国各地勘察设计建设管理与运营维护单位的意见和建议的。

因此，有专家不了解情况，认为技术规范是某设计院的一家之言就错了！技术标准虽然是由一家或几家、几人或者几十人编制的，但是以国家、行业的名义发布，代表整个行业，代表了整个行业的技术水平，代表了系统性的安全需求的。至于有安全专家质疑编制单位和编制者的专业能力和

代表性，那则另外一回事了，这里就不讨论了。

安全系统工程理论和事物发展变化的基本规律告诉我们，道路安全从来就是一个相对的概念，今后当我们的认识更新了、相关的技术发展了，满足安全的条件可能会有新的变化，并通过修编程序贯彻到新的技术标准中。但是，我们还必须认识到，即便是道路设施本身并未发生实质性的改变，而涉及安全的其他因素，例如车型组成、车辆性能、人的安全意识等发生改变时，也会引起整个安全系统性发生改变的。

总结起来，安全是相对的，不是绝对的，不存在什么"名义安全"或"理论安全"或"形式安全"，也更不存在什么"绝对安全性"。今天，国家和行业技术标准载明的，就是满足安全条件和要求的，符合技术标准就应该认为是达到基本安全条件的！

1.8 只有从事安全管理的部门和专家才能界定什么是安全

显然，一些安全专家对我国正在执行的道路安全评价体系是不认可的。但是，尽管有专家提到"实质安全是真实的安全，是基于经验和近年来新技术、新理念的安全评判"，可是从其相关材料中，并未看到专家提到的新技术、新理念的具体内容。专家除了谈论发达国家有什么做法之外，更多的则主要是经验了。既然专家们认为道路标准不能保证安全，对道路安全评价程序不认同，那这么看来，只有从事安全管理的部门和专家才能评价和界定什么是安全了。

在各行各业各个专业领域，经验和技术标准永远都是两个层次、不同性质的事物。经验有可能在对应开展一定的研究检验之后，逐步形成成熟的理论体系和方法，并最终被纳入技术标准中；通常经验永远不能代替标准、更不可能代表法律。笔者警示网友，在对道路交通安全事故分析的评价和定性中，不强调科学的理论方法，而强调所谓的经验，这是技术倒退，而且是非常危险的。

为什么有专家明明都可以指出"斑马线处的路权，是为了确保行人正常行走安全的优先路权，而非无视安全大摇大摆过马路的优先路权”，可是，为什么在秦岭隧道事故等类似事故发生时，专家就不明白道路设计的基准条件也是先要求人、车条件合法、合规的啊！或者，专家是在有选择地对待问题吧？

1.9 对于护栏设施，“有”总比“没有”更安全

无论是安全专家还是网友，在讨论秦岭隧道事故时，很多人都表示：如果有防撞墩，事故的严重程度可能没有这么大的；如果车道外侧有护栏并随着桥梁物理断面收缩变化，可能车辆不会直接正面撞击端墙，事故损害可能会减少……是的，面对如此大人员伤亡的事故，大家做各种各样的假设推测都是可以理解的，毕竟因一人错误导致几十人丧命是令人惋惜之极的。

这里提醒大家，绝对不能因为难以接受事故的严重程度、不能因为没有设置“可能的”护栏设施，而对合标合规的道路设计强加指责。毕竟，上面关于“有总比没有更安全”的结论只是“可能”性质的，当违章驾驶的时间、地点、车辆等条件发生变化之后，事故的形态和损害又可能是另一种情况了。大家试想，当事故车辆是危险品运输车时，护栏的连续设置，把车辆导入隧道洞门以内可能造成的事故危害，恐怕是显著大于目前事故的。又怎么能确定“有”总比“没有”更安全呢？毕竟，道路设计认真执行技术标准，最大限度合理布置各类设施了，设计者并无错误。毕竟，事故的直接原因是车辆失控或驾驶人违法操作，道路并不能保障违法和异常情况下的通行安全。毕竟，道路技术标准规范才是评价道路设计安全性的“法律”，而不是经验和专家意见！

今天，道路设计者完全按照技术标准进行设计，仍然有专家质疑其设计责任；那么，如果道路设计者采取有的专家建议的方式，按照经验去做设计，情况会是怎么样呢？必然首先以“不符合技术标准”论处，那么设计单位就真的“摊上大事”了！

1.10 作者的认识和观点

为了避免浏览者对本文作者观点的片面解读，作者在此对自己的认识和观点总结如下：

（1）应客观认识我国道路交通安全形势

当前，我国正处于工业化快速发展期，这一阶段因为发展不平衡，管理制度有待健全，各方面矛盾有待进一步协调解决……因此，必然是各类安全事故较多、频发的。这是社会发展的必然，是社会经济发展的历史条件所决定的。（摘自安全系统工程等教材）

（2）学习借鉴应结合国内事故特点和实际情况

我国道路交通安全形势严峻，事故多、危害大，但必须注意到我国当前事故和事故致因的特征——人和车的违法、违章、违规等因素造成的事故居多。笔者认为，我们在学习发达国家的经验、技术时，必须要首先论证分析国内外的条件差异，论证其适用性。

（3）加强对人和车的管理才是遏制事故的关键举措

按照安全系统工程理论，一切事故最直接、最有效的预防措施，就是加强管理，即对人的不安全行为和物的不安全状态的监督和管理。因此，任何时候对道路进行改进都是必要的。但是结合当前我国的事故特征，笔者认为：要尽快扭转我国道路安全形势，遏制重大事故发生，要取得事半功倍的效果，应该从加强对人和车的管理上着手，而不是其他。

（4）应依据事故致因理论，客观认识道路交通事故及其致因

从事故分析中讨论道路设计是否存在缺陷时，应该采取科学的事故致因理论和方法，客观分析道路及设施、驾驶人、车辆的管理等多方面的因素；以科学的态度区别对待事故的主要（直接）致因，次要（间接）致因，以及事故相关因素等内容。一些人罔顾客观事实，不抓事故的直接和主要原因，而选择弃本逐末，始终在道路及设施上找问题、做文章，必然是南辕北辙的，对遏制各类安全事故是不利的。

（5）道路设计、标准编制是基于完整的理论体系的

道路设计是基于系统性的理论体系的，标准编制是基于科学的调查研究、统计分析的，是不能凭直觉、感情和经验的。对事故的预防和防治，是需要根据事故的统计分析，在研究掌握事故规律等前提下开展的，绝对不能依据一次特殊的违法意外事故。对事故致因进行分析讨论，也是要基于科学的方法和流程的，不应是专家的个人臆断。

（6）合标合规就意味着达到了安全的基本条件

道路设计与建设的技术标准和规范，是一定时期内国家和行业道路建设与管理水平的体现；技术标准规范体系中各专业的指标和要求等，就是国家和行业对道路设计、对安全管理的具体要求（当然还包括结构安全、发挥道路及设施功能等）；符合标准规范必然就代表着道路设计满足了当前公认的安全和技术条件了。当然，评价工程设计的安全性，必须依据技术标准规范，而不可能是经验，或者专家观点。

（7）从反馈问题到影响标准编制的通道是畅通的

笔者虽不是技术标准主编，更不是行业主管，但是结合以往了解的情况，可以确认在道路交通行业中，从反馈问题到影响标准编制的通道是畅通的。如果安全专家对道路设计与建设标准存在质疑，完全可以提供翔实的调查研究资料作为支撑，及时向任何技术标准的主编单位发送的。笔者相信，只要是正确的、客观的，尤其有研究支撑的意见或建议，必然会被采纳的。

8.10 秦岭隧道事故思考

宽容设计是遏制事故的灵丹妙药吗

（2017 年 8 月 16 日）

2017 年 8 月 10 日陕西西汉高速公路秦岭隧道发生的重大事故，再次让道路交通安全问题受到社会各层面的高度关注，全社会深入讨论该如何科学、有效地遏制严峻的道路安全事故再发生。于是，有专家学者在媒体发声，批评事故路段的“宽容设计”不够，提出了加强“宽容设计”的措施，并据此认为“设计缺陷是导致事故最主要的原因”。那么，宽容设计是否真的能破解我国当前严峻的道路交通安全问题呢？宽容设计是否真的是遏制交通事故发生的灵丹妙药呢？其结果必然是“缘木求鱼、南辕北辙”的。

2.1 何为“宽容设计”？

“宽容设计”是美国等国家一段时间以来在道路交通工程领域推广的一种工程设计理念。该理念来源于电器工程等领域中的“容错设计”，例如：为了防止电器设备正负极倒接等现象，对插座进行特殊设计，使其在反向状态无法插入。因此，“宽容设计”又称为“容错设计”。容错设计理念引入到道路交通工程领域，至少有一二十年的时间了，至今国内外对道路交通工程“容错设计”不能给出一个公认、共识性的准确定义。在实际工程实践中，“容错设计”多数是一些工程设计处理中以局部细节的形式展现的。

在世界范围内，道路设计均是以驾驶人和车辆正常、合法的通行状态为设计的基准条件。而“容错设计”则考虑在一定程度上承认驾驶人和车辆可以存在一定缺陷。于是，在允许驾驶人出现一些操作失误的条件下，对道路及相关设施进行一些可能的局部优化设计。其目的是期望在一定程度上减小事故发生的风险，降低事故可能产生的危害。

容错设计的措施一般包括：为了降低车辆冲下路基发生严重事故的概率，设计时视条件放缓路基边坡的坡度；为了避免护栏、标志牌在被车辆撞击时对人的生命产生危害、对车产生损害，应对护栏端头进行过渡衔接处理，或对护栏采用解体消能结构，或者采用柔性溃缩式结构，以及为降低产生车辆下坡失控危害的概率设置避险车道等等。

“容错设计”在国内不是新概念。据笔者了解，部分基于“容错设计”的工程措施，例如：多采用低路基、缓边坡，保持桥、隧、路基等路段护栏连续性等，在一些高速公路建设项目中已较好地应用。

2.2 “容错设计”的逻辑错误

尽管“容错设计”理念乍听时大家都会觉得是合理的，也有一些人对其推崇备至，但至今，在世界道路交通领域却不能给出“容错设计”一个公认、完整的定义。“容错设计”并未被正式纳入世界各国的道路设计基础理论体系！而这是为什么呢？笔者认为，“容错设计”理念本身就存在明显的逻辑错误。

（1）无法界定“容错”的性质和对象

首先，“容错设计”理念无法定义或界定“容错”，即容什么样的错、容谁的错、容到什么程度、什么性质的错；是容许失误性质的错误，还是容许违法、违章性质的错误。例如，同样是超速，如果时速容许超速10公里，那么为什么不能容许超速20、50公里呢？其性质不都是“错误”，不都同属于违章行为吗？再例如，容许驾驶人判断错误一次、两次，还是很多次呢？容许特定驾驶人犯错，还是应一视同仁，容许所有驾驶人犯错呢？容许驾驶人判断失误的操作时间是2秒，还是5秒呢？以秦岭隧道事故为例，提到“容错设计”的专家能指出这里要容许什么错误吗？容许驾驶人疲劳驾驶、超速，还是闭着眼睛开车呢？这些关于“容错设计”理念最核心、最基本的问题，至今没有人能准确回答、界定，因此所谓“容错设计”最多只是“多言堂”罢了。

（2）“容错”措施并不一定就能减少事故危害

其次，容错设计中具体措施的效果往往是无法明确的，只是停留在“可能”的层面。如果不能准确说明“8.10秦岭隧道事故”路段中“要容什么错”，那么专家建议在隧道洞门外放置防撞墩、增设路侧性护栏的依据什么呢？如果仍然只是“可能”减少事故危害程度，对于此类偶发性的意外事故，此类设施就一定能避免生命伤亡吗？要知道，对违规驾驶导致的事故，不论设置什么样的防撞设施，一切事故形态和后果都是有可能的。另外，一旦再有事故发生，无论事故严重程度如何，无论担负几条人命，那时当大家质疑设施有效性时，专家敢于主动担责吗？假如事故车辆是易燃易爆的油罐车，专家建议的连续护栏导致事故车冲入隧道可能引起的危害大？还是在无护栏的情况下事故车没有冲入隧道危害大呢？回答当然是明确的。增设防撞设施，安抚的心理作用大于其实际功能。

（3）“容错设计”必然导致难以应对的系统性风险

再者，“容错设计”必然引起一系列的负面影响，因为容错设计和容错设施，必然会引起工程规模增加、工程造价大幅提高的问题。道路交通系统是一个相互影响的整体，容许了一辆车、一名驾驶人超载超速、违法违规，那么系统中其他车辆、其他交通参与者的安全，又该由谁来承担，如何保证呢？进而导致的整个道路交通系统整体安全风险的大幅度提高，又如何应对呢?

本次秦岭隧道事故就是最典型的“容错设计”理念反面案例，事故可能只是驾驶人一人有错（包括违法超速、疲劳驾驶等），却导致三十余人丧失生命。难道专家还要继续建议对驾驶人的违法行为采取“容错”吗?正确的选择只能是“法律面前人人平等”，在交通安全方面更是一样，所有人、车必须严格执行同一个标准，而不能提倡所谓“容错设计”。

总而言之，一套不能明确其设计目的、对象、适用范围、条件、实施效果，又缺少对其引起的整个道路交通系统中巨大安全风险问题应对研究的理念，必然是难以上升到指导工程设计、建设和管理的系统性理论，充其量只是一种表面看似合理、安全的“理念”而已。

2.3 “容错”引起的一系列问题

（1）关于避险车道

“避险车道”一直以来被很多人认为是容错设计理念的一项典型措施。国内不少山区高速公路项目中，不同程度地设置了避险车道。但据笔者了解，尽管避险车道在一些项目中确实发挥了一些积极作用，在一定程度上减少了事故损失，但同时，避险车道却引起了一系列“尴尬”的问题。多个省份均出现了失控车辆冲进避险车道后，仍出现伤亡损失，随后，通过法律程序驾驶人员起诉道路建设与管理部门。起诉的理由均为：避险车道未能避险，出现了伤亡损失。而道路设计与建设部门却是百口难辩。要知道，对于因为超载、改装、违法违章驾驶等导致车辆失控的，其失控时的状态已经远远超出了工程设施可以“降服”的最大能力。

通过设计和技术来保证失控车辆的安全是极为困难的。而人们对避险车道的期望往往很高，问题本质上就出现在“容错设计”理念的逻辑错误之上。公路设计就是以保障合法、合规车辆安全运行为基准条件的，但避险车道被设置后，等于间接地向道路使用者（驾驶人等）宣布或承诺：道路还可能保证车辆在非正常状态下的通行安全。于是，前面尴尬的局面便在多个省份出现了。

避险车道并不能减小车辆失控后的安全风险，因为在车辆将要驶入避险车道的那一刻，车辆显然已经失控，事故已经发生。还本溯源，避险车道本只是作为一项容错设施被提出的，属于“视道路建设条件，灵活掌握是否设置”的范畴，目的在于向已经失控的车辆提供驶离高速公路行车道的途径，甚至还为其提供有助于减速停车的条件。但当概念和认识被混淆之后（加之中文“避险”一词字面意思的缘故），发生一些重大交通事故时，道路设计与建设部门再做任何解释，似乎都被认为是在自我开脱，难以被大众所认可！甚至有人错误地认为，道路设计本来就不够安全，所以才设置避险车道来弥补。

（2）关于超载治理

同样的，源于“容错”的理念，致使我国对公路超载问题的治理陷入“尴尬”的局面。有很多人认为，超载是中国公路交通的实际国情，道路设计必须考虑甚至适应这种国情。但同样都是超载，都属于违法的性质，到底允许超载多少呢？10%还是50%呢？实际上车辆超载200%以下的情况屡见不鲜，以至于压坏了桥梁、路面等。而很多人并不了解，适应超载条件会引起梁板钢筋的增加、公路纵坡放缓、道路建设和运营里程增加等一系列问题，甚至还会面临新、旧两种道路和桥梁等设施如何保证车辆安全通行的问题等等。在几经曲折之后，公路限载标准终于从55吨回归到49吨，与车辆制造标准保持了一致。这个曲折的过程，同样在验证：容许超载的“容错设计”，是失败的！

2.4 容错设计理念，在根本上不能适应复杂的道路交通系统

尽管“容错设计”可能在电器制造、机械工程等领域有成熟的理论体系，有成功的应用案例，但笔者认为，“容错设计”理念在根本上是不能适应道路交通系统特征的。因为道路与交通设计面对的是一个更为复杂、更为庞大、更加灵活、更加多变的系统环境，涉及人、车、路、环境与管

理等多个方面的诸多因素。无数台车辆，在无数个驾驶人的自主控制下，在无数条道路上运行……仅仅只是交通参与者的“人”这个因素，就千差万别。

因此，在道路交通系统中，笔者认为不应提倡容错设计理念，“人”作为一个独立自主的个体，在严格统一的法律、规章的约束下，都有人违章违法，还岂敢再明确地公开提倡“容错”和“容错设计”。只有严格执行统一的法律、规章，才有可能让复杂的道路交通系统运行地更和谐、合理和安全。规则和遵守规则才是一切秩序和安全的前提！

2.5 “容错设计”理念混淆了道路设计的基准条件

道路设计、建设的目的是众所周知的，但道路设计和建设的基准条件是什么，似乎连有些安全专家都还是比较模糊的。尽管道路技术标准规范中并未明确，但是作为道路交通行业的从业者、负责交通安全管理的机构和人员、负责安全与质量管理的机构，甚至是参与交通安全事故调查研究者，都应该掌握：道路设计与建设的基准条件是合法、合规的人和车，包括合法合规的驾驶行为，合法达标的车辆性能状态。当然，还包括正常的气候和气象等条件。

平日里，或许大家都会无条件地认同这一点，但在重大事故尤其是有人员伤亡时，似乎连有的专家和领导都潜意识中忽略了这一点。于是，很多人开始在专家言论的诱导下，质疑道路设计，进而上升到质疑道路设计的技术标准和规范。因为，连同专家在内，都企图让道路条件能够保障违法、违章条件下的交通安全。有人说增设防撞设施只是可能减少事故危害程度，岂不知这是间接地要求道路条件能够部分性保障违法、违章条件下的交通安全！

既然道路设计的基准条件是“合法、合规的人和车”，那么又怎能去要求道路要保障“违法、违章”人员与车辆的安全呢？又怎能指责秦岭隧道设计存在缺陷呢？

2.6 容错设计绝不是遏制事故发生的灵丹妙药

道路设计和建设是以合法、合规的人车为基准条件，在达到基本的安全通行条件的前提下，实现道路交通、运输和服务等的基本功能。其中，道路平面线形设计必须符合车辆不同速度下的行驶轨迹要求，道路纵坡必须满足车辆动力和制动性能，道路设计要满足道路运营中的各类功能需求，道路交通标志标线必须能为驾驶人提供必要的诱导和警示作用，道路护栏等设施能够为驾驶员常见的驾驶操作失误（注意可不是违法层面的错误）提供一定层面的保护作用等。

基于车辆运动学、动力学等基础原理和运行速度、交通流等道路设计理论体系，都是从保证车辆和人员的基本安全条件出发的，最终实现道路设计建设的目的和目标。那么，“容错设计”理念的作用到底处在哪个层面上呢？如何定位“容错设计”的作用呢？

道路设计与建设的基本原理和理论体系，是完全能够保障道路正常的安全运营的，也就是能够保证正常状态下人车的安全性的。所谓“容错设计”只是锦上添花而已。脱离开遵章守纪的基本条件，“容错设计”显然是无法从根本上实现其预期的目标的（尽管这一目标现在都还停留在可能的层面上）。以秦岭隧道事故为例，尽管有专家提出增设防撞墩、连续设置护栏等基于“容错设计”理念的建议，但是笔者相信，连同专家在内没有人能够保证这样实施之后，就一定能够减少事故或者降低事故危害程度。毕竟，违法违章的事故形态和危害，是不可预测和判断的。此类事故的危害性取决于什么人、在什么时间、什么地点、违法性质和层次等，与道路设施无关。而且，增加设施或许还可能增加事故的风险和严重程度。

2.7 加强人车管理，才是预防和遏制各类重大交通事故发生的关键

根据笔者掌握的调查研究成果，我国道路交通事故致因与欧美发达国家有巨大的差异，那就是由人的因素（包括驾驶员和交通参与者违章、违法等因素）直接导致的事故占到交通事故总数的90%以上。公安部发布的道路交通安全事故统计分析资料显示，由道路因素（包括路面、线形条件、道路围挡施工等因素）引起的交通事故，仅占事故总数的1%以下。因此，要遏制我国严峻的道路交通安全状况，必然是从对人和车的管理角度切入。

笔者认为，在任何时候对道路及设施进行分析讨论、对可能存在的问题进行研判，以期减少事故和损失的努力都是应该值得鼓励的（道路交通系统一直也是这样做的）。今天面对我国严峻的道路交通安全形势和人、车违法违章的特征，最关键、最紧迫、最能立竿见影的任务，必然是加强对人和车的违法违规等管理。否则，舍本逐末地总是在道路基础条件上找问题、挑毛病、做文章，其结果必然是缘木求鱼，南辕北辙的。

结合秦岭隧道事故，笔者再次指出：现行道路交通的基础理论体系、合标合规的道路设计，是能够保证正常合法人、车的通行安全的；对违法违章引发的事故，“容错设计”并不能从根本上减少事故和损失。因而，不能以“容错设计”理念来评价、界定道路设计的合理性和安全性，更能据此指责批评合标合规的道路设计。

8.10 秦岭隧道事故思考

事故路段存在设计缺陷吗

（2017 年 8 月 14 日）

2017 年 8 月 10 日，发生在陕西西汉高速公路的客车撞击隧道端墙外壁事故（图 1），引起了社会各界的高度关注。在慨叹事故造成重大人员伤亡的同时，网友也在广泛探讨事故发生的原因。有专家在发表其对人、车、路多方面因素的观点时，甚至断言“道路中的设计缺陷是事故发生的最主要因素”。

图 1　事故现场图片

秦岭隧道事故路段的设计是否合理、合规，符合安全要求吗？笔者在此谈谈个人的认识和观点。

3.1 事故路段并不属于高速公路"从三车道收缩为两车道"的情况

西汉高速公路主体是按照双向四车道标准建设的，单向为两车道。事故位置处于上下行分离的单向两车道路段。从事故位置回退几百米的距离内，网友认为的最外侧车道（即从左到右的第3车道）并非高速公路中正常的车道（专业术语为"行车道"），而是从秦岭服务区连接过来的"加速车道"。其设置目的并非为了主线行车，而仅仅只是为了服务区驶出车辆进行加速、汇流驶入主线行车道的。加速车道属于附加车道的一种，但并不属于高速公路的基本车道（即行车道）。

因此，认为事故路段"车道数从三车道收缩为两车道"的结论是错误的。该路段属于加速车道末端的渐变过渡，但并不属于主线车道。对高速公路而言，一般只有通过互通式立交与其他道路连接的位置，才可能出现主行车道数量的增减变化。该路段路侧设置的只是服务区，并不会引起主线交通量的明显增减变化，因此，主线的车道数自然也无须增减变化。

3.2 事故路段加速车道的设计应该是合理、合规的

与城市道路、低等级公路不同，我国技术标准规范要求高速公路在各类出入口必须设置一定长度的加（减）速车道（驶出高速公路时需要"减速"，驶入高速公路时需要"加速"）。这一规定和要求，是为了满足车辆实际运行速度变化的特征和需求。即车辆从服务区驶出时速度较低，需要一定距离进行加速，然后才能以接近主线的车速汇入主线车流。加速车道设置和过渡变化的目的，正是为了保证高速行车时的安全性。但是，有些城市道路不设置加速车道（图2）。

从网上的事故位置的航拍影像（图3）等资料来看，事故路段加速车

道设置位置与渐变过渡（图 4）等，应该是满足相关标准、规范要求的，渐变过渡也是合理的（从路面标线上就可以清晰地识别判断）。并非有人质疑的“没有设置过渡”，也并非有人说的“直接收缩”（注：笔者无法准确掌握加速车道的具体长度）。

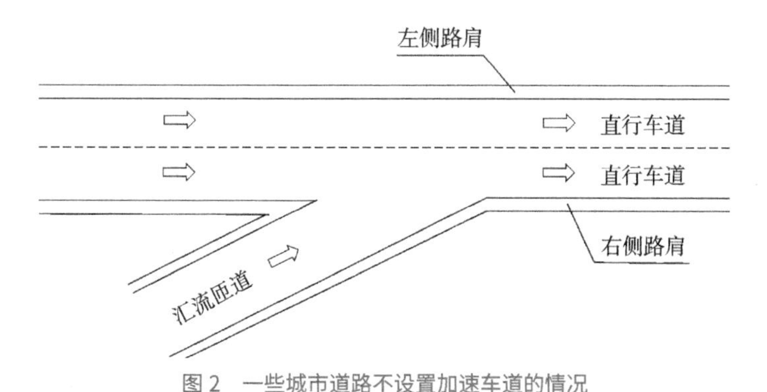

图 2　一些城市道路不设置加速车道的情况

图 3　事故路段加速车道的过渡变化

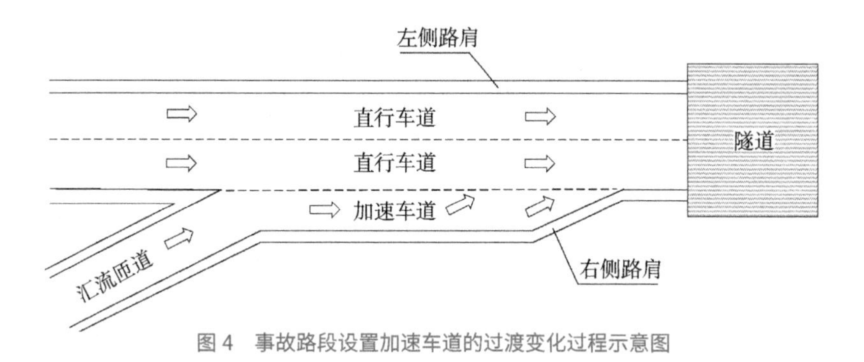

图 4　事故路段设置加速车道的过渡变化过程示意图

3.3 加速车道的收缩变化，并不会引起直行车辆行驶轨迹变化

事故路段设置的加速车道，是仅供从服务区出来的车辆加速使用的。那些未进入服务区保持直行的车辆是不应该、也不会驶入外侧的加速车道（笔者判断，本次事故车辆应该是直行通过，并未进入服务区休息）。该处加速车道的设置和宽度收缩变化，并不会引起直行车辆的车道变化，并不会对主线行车轨迹产生影响，绝对不会造成直行车辆的驾驶人在隧道洞门前后，做出明显或急剧的驾驶操作变化。

而对于刚刚从服务区休息后驶出的车辆而言，通过加速车道进行加速、汇流进入主线的驾驶操作，是驶入高速公路必须经历的驾驶操作过程。加速车道设置的位置、长度、渐变过渡等，显然也能满足正常车辆的加速、汇流过程，并不会增加驾驶人的操作难度和负担。

因此，事故路段加速车道的设置与过渡变化，并不会影响主线直行车辆的正常行驶状态，不会增加驾驶人的操作难度和风险；对于从服务区驶出的车辆，也不存在断面突变和增加操作难度等问题的。

3.4 加速车道终点接近隧道洞门位置，应该是客观条件所限

西汉高速公路穿越秦岭天堑，工程艰巨，桥隧相连。事故位置正处于桥隧相连位置，从加速车道的布置来看，设计时为了保证车辆加速、安全汇流所需要的足够长度，才致使加速车道终点位置延伸到接近隧道洞门位置。设计人员在地形等客观条件和规范要求等多重制约下，已经最大限度地为车辆提供加速、汇流安全操作的条件了。

从图 3 的标线设置可以清楚地看到，加速车道终点到隧道洞门之间，还留有大约 60~70 米的距离，即在隧道洞门前设置了符合规定的渐变段，收缩至二车道断面，并平行进洞的。而加速车道终点接近隧道入口，按照相关标准规范，并不存在任何设计不合理的问题。而设计者通过路面上的车道分隔线、车道外边缘线、隧道轮廓标线，包括隧道外壁上的标识牌、

隧道内的车道标志等等，清晰地向驾驶员人告知出了加速车道收缩变化的位置和过渡信息等。

3.5 桥面（路面）物理宽度变化与行车安全无关联

不论是桥梁工程，还是隧道工程，尽管其设计、建设的主要目的是提供车辆通行的车道宽度、侧向宽度等空间条件的，但有时受到结构设计限制，或者因为施工工艺工法需要等原因，实际上的桥面宽度、隧道内净宽等物理尺寸，并不需要与车辆通行需要的安全尺寸保持一致。这一点，是各类工程中普遍存在的情况，已达成共识；所以这不只是西汉高速上有的，也不只是中国独有的。

只要标志、标线等最终提供给车辆通行的车道等空间条件，是连续的，过渡变化是合理、符合行车轨迹和安全要求的，那么桥面（路面）的物理宽度变化与实际行车安全是没有任何关联的。车辆行驶在道路上，各类标志、标线、标牌就是“法律”，标志标线之外的区域，本来就不属于法定的行车空间。当车辆驶出标线标志划分的区域之外时，已属于违法违规行为，又怎能要求道路去保障其安全呢？

笔者认为，隔行如隔山，一些网友并非道路和交通相关专业的专家，不了解其中规律是完全可以理解的。但一些认为事故路段存在设计缺陷的“交通专家”，对此似乎认识不清，或者根本就没有认识到，就不应该了。为什么在美国等发达国家司空见惯的情况（有时车道线之外的路面似乎都可以做足球场了），但在中国国内出现时，就认为是设计有问题了？

3.6 交通标志、标线、明暗过渡等也不存在问题

尽管笔者无法核查路段的每一块标志标牌信息，但是从各类事故报道的照片、图片、网上航拍影像中，都可以直观看到：该路段设置有高速公路出入口、隧道入口等警示和预告标志；在事故车辆撞击的隧道外壁的位

置，即设置有一块隧道警示标志；在隧道出入口有醒目的横向减速标线，甚至还设置有彩色减速路面；隧道顶壁上设置有照明系统，图片中隧道照明系统显然是处于正常工作状态的，隧道入口不存在明暗过渡等问题；隧道洞门设置有清晰的隧道轮廓标、隧道内车道位置指示标志等。

另外，隧道出入口视线的明暗过渡，一般是指从“明亮环境”进入“暗淡环境”时，需要一个从明到暗的逐步适应过渡过程。而笔者掌握到像秦岭隧道这样的重点项目，实施照明过渡早已是必然的工作。特别是事故发生在晚上快12点时，此时从驾驶人的视线角度看，恰恰是隧道外光线较暗，而隧道内灯火通明。

事故路段在断面收缩过渡、隧道进处照明与明暗光线过渡衔接等方面，应该也不存在问题，是完全能给驾驶人提供必要的提示、警示及诱导作用的。

3.7 安全设施——护栏设置合理、合规

从事故图片中，可以看到，事故路段总体处于桥梁与隧道相互连接的高架桥之上。对于类似高架桥路段，高速公路必然会设置较高标准的路侧护栏，以防止车辆在一定角度下失控撞击护栏坠落桥下等。从事故各角度照片中，可以看到这些路侧护栏是完整、连续的。

对于网友质疑的“隧道洞门外侧为什么未设置过渡性护栏”，笔者认为是完全没有必要的。

第一，事故路段属于桥隧相连位置，桥梁的末端直接衔接到隧道入口。根据现场情况，与隧道衔接的桥梁两侧均已按照规范要求，设置了路侧护栏，可有效阻挡车辆失控冲下桥面。而根据该项目设计时采用的行业规范，并未要求在隧道洞口外设置从桥梁两侧向隧道口宽度渐变的过渡性护栏。

第二，对于在事故车辆撞击位置设置单纯的防撞墩等设施，也是完全没有必要的。因为这个位置完全是在高速公路行车区域之外，车辆发生撞击的概率极小。毕竟，加速车道的终点位置处，车道标线、交通标志、标线、隧

道轮廓标等等，均已经明确提示、警示驾驶人，这个位置不属于道路行车的范围。即使设置，也只可能根据发生车辆操作不当事故的概率大小，在隧道洞门边缘处设置，而不会设置在隧道外壁的中间位置——即本次碰撞的位置。

准确地说，设置各类安全设施的主要目的在于减小、减轻驾驶人操作与判断失误、车辆故障、气象条件等各类因素引起车辆驶离正常轨迹所可能出现的事故危害与损失。但是，通常路侧护栏设计保护的对象，并不是所有可能发生的各种类型撞击事故，而是那些临时性、瞬间性的驾驶失误或判断失误。碰撞的角度也是小角度的剐蹭性质的。那么，为什么不设计成可防止各种碰撞的呢？这与道路及路侧条件等有关。护栏本身也是一种可能造成伤害的障碍物，如果所有护栏均设计成能够抵抗 50 吨货车直接冲撞，那么小型车撞击后的危害会很大。因为强度越大的护栏，车辆撞击后的危害越大。

第四，人们对隧道口设置过渡性护栏、防撞护栏，以减少事故危害的美好愿望是可以理解的，设置从隧道外到洞门的过渡性护栏，只能对瞬间操作失误、剐蹭隧道洞壁等事故有积极作用，但是对于本次事故的性质，通过护栏让已失控车辆冲入隧道的风险肯定是大于不让其冲入隧道的。如果事故车辆是危险品车辆的话，那么车辆冲入隧道的风险是巨大的。

综上几点可知，事故路段显然是不存在“未设置护栏”或者“护栏设置标准不够”“护栏设置不连续”等问题的。

3.8 设计与建设方案必须经过多层审查审批

我国的高速公路建设管理程序远比一些网友和安全专家知道的要复杂得多。从项目前期立项、可行性研究，到初步设计、施工图设计等环节，都是要经过多层严格的审查和审批程序的。西汉高速穿越秦岭天堑，是典型的复杂山区高速公路项目，其路线方案、隧道方案、图纸等是经过多层审核、审批的。而设计方案审查的主要依据，首先为是否符合国家和行业的相关技术标准、规范的要求。准确地说，符合技术标准规范是这些项目上马、并最终实现建设的强制性前提条件。

有许多网友认为，工程方案包括隧道方案等是设计单位设计确定的，这种说法是不正确的。对于高速公路项目，尤其是西汉高速这样复杂的工程项目，设计单位只可能是项目初期方案的提出者，不是最终方案的确定者和决策者。在勘察设计合同中，设计单位只是提供技术服务的乙方。而且重点工程往往需要提出不少于两种可能的方案。工程方案总体上是由业主、建设主管部门、各级审查机构、咨询专家组、发改委等，经方案论证、各阶段审查审批、专家咨询等多个流程和环节共同确定的。最终由设计单位按照多方意见，把方案落地成图纸。即便是项目建设的审批部门——发改委，也可能会对项目方案等提出修改意见，而设计单位一般是必须落实修改的。

因此，秦岭隧道事故路段的设计方案，必然经过多层审查审批，项目的最终建设方案往往是多方参与研究确定的，而不是设计单位确定的。

3.9 复杂工程设计建设，往往体现了国内最高的专业技术水平

结合前面述及的高速公路建设过程，我国复杂高速公路建设项目，经过多层方案论证、专家咨询、审查审批等环节，实质上最终项目建设方案是集体决策的成果，并在一定层面上代表了国内相关专业的最高技术水平。

正是基于对我国高速公路建设程序、过程的了解，笔者结合网上的相关资料，认为秦岭隧道事故路段的设计应该是合理的，也必然是符合技术标准和规范的。尽管当前有专家质疑加速车道过渡变化、护栏设施等设置的合理性，但笔者相信设计单位已经是最大限度地采取措施以保障行车安全了。如果仔细核查路段的标志、标线、标牌、提示、警告、警示等各类安全设施，应该是非常齐全，甚至可能是信息过载。

综上，基于网上事故现场图片等资料，笔者认为秦岭隧道事故路段在设计上并无明显缺陷，更明确反对“道路缺陷是事故的最主要致因”——这一毫无根据的说法。

8.10 秦岭隧道事故思考

对交通安全事故解读报告的再解读

（2018 年 1 月 25 日）

4.1 一份关于重大道路交通事故的会议发言要点

近期，在一次交通安全大型研讨会议上，一位国家安全监管部门的负责人对我国近年来发生的多起重特大道路交通事故进行了解读，披露了关于“8.10 重特大交通事故”调查报告的部分结论。该报告对我国道路基础设施存在与安全相关的问题进行了总结，主要结论包括：

① 随着经济发展，道路修建时原有技术标准已经更新完善；或者按照原标准修建的道路的技术指标已不适应实际交通安全运行要求，形成新的安全隐患。

② 受地形、地质、投资等方面制约，部分公路存在多个极限指标组合或连续应用的路段，特别是一些长大纵坡、连续弯道、长大隧道和隧道群，虽然单个技术指标都符合标准，但在多个指标叠加效应下，整体安全性受限，个别点段事故率明显高于其他路段。

………

对于上述两点总结性结论，笔者认为既不符合道路建设与发展、技术标准修订变化等实际情况，也不符合道路交通安全事故的客观规律，缺乏调查研究依据。

结合该报告上下文内容，以及道路交通专业一般常识，“技术指标”主要是指公路在设计中采用的平面、纵断面、横断面等与几何设计相关的技术指标、参数等。例如：平曲线的最大与最小半径、平曲线最大与最小长度、最大与最小纵坡、最大与最下坡长、路基横断面各组成部分的宽度、最大与最小超高、小半径圆曲线加宽等。在我国公路技术标准和规范中，根据公路功能、技术等级、设计速度、建设条件等差异，对各项技术指标均有一系列具体的规定（数值）和使用条件。

对于报告中主要结论第一点的前半句而言，道路一旦建成，只要没有实施改建工程，那么道路综合条件包括技术指标就不可能改变；而作为指导道路设计与建设的道路技术标准，却是在不断发展和修订的。全世界道路与标准之间的关系都是这样的，是再正常不过的事情。

对第一点的后半句，认为“按照原标准修建的道路的技术指标已不适应实际交通安全运行要求，形成新的安全隐患”，笔者认为是完全错误的说法。实际情况是，随着社会和经济的发展，原有道路上的交通需求发生改变了，交通量增大了，车型组成发生变化了……进而原有道路出现了拥堵，通行效率降低，交通事故的数量增加了，这是原有道路（即原有道路的技术标准、技术等级）不适应新的交通变化需求了。

公路在前期设计和论证阶段，首先需要根据路网规划、公路功能、交通量等因素论证确定其应采用的技术标准，进而确定拟采用的技术等级和设计速度等要素；然后，公路路线等各专业设计中，包括具体技术指标选用时，必须与其技术等级和设计速度、交通量和车型组成等特征紧密对应。这样才能保证公路各专业设计形成有机的整体，以实现该公路的交通服务功能，达到其对应的安全通行条件。换而言之就是，一条公路的技术指标，是与该公路的技术等级、设计速度相互对应、紧密捆绑的，即技术指标是与原公路的技术等级、设计速度等匹配对应的。因此，根本就不存在一条公路的技术指标不适应交通安全通行要求的提法，也就更不存在“原有技术指标形成新的安全隐患”的结论了。

上面常见的情况是属于原有道路不适应新的交通需求，但并不是原有道路的技术指标不适应了。试想，如果把一条高速公路的交通量和车型组成直接转移、叠加到一条三级公路上，自然是拥堵、安全……各种问题都会出现。对此类情况，能够得出的唯一结论是：国家和地方应加快道路改扩建的步伐。而这，也正是近些年来，我国各地出现那么多公路改扩建项目的原因。

报告中第二点结论的重点是在质疑虽然公路单一指标满足标准，但当多个低限或极限指标连续组合后，整体道路的安全性受限了，即安全性打折扣了。这一点乍一听似乎是有些道理，但实际上仍然是缺乏根据的。

首先，公路技术标准规范中，不仅对单一技术指标有规定，而且也对多种情况下的指标组合有相关规定和要求的。其次，在公路设计与建设过程中，“符合标准”从来就是指整体符合标准规范，既不是单一专业、单一指标符合，也不是符合某部特定的标准，而是指符合整个标准规范体系。事实上，公路在设计、建设中，各层次对项目设计的复核、审查、评审等环节，都是对项目的整体性设计而言；对各种指标组合而言，绝不只是检查单一指标是否符合。如果某一种指标组合的情况下，并未有对应的标准规定时，那这些组合并不影响行车安全等因素，不需要检查复核（在今天的研究和认识水平的前提下）。

例如：公路标准规范在对平、纵、横等各单项指标有明确规定的同时，要求必须对行车视距、运行速度、通行能力和服务水平等进行检查与分析，而这些内容正是对各类平、纵、横低限指标组合设计、线形连续性、各类纵坡组合等合理性和安全性最有效、最直接的检查和校对过程。即不论公路的平纵横如何组合，但最终的行车视距、视线连续性必须得到保证；不论各种纵坡如何组合，但只要运行速度满足协调性和一致性要求，只要最终通行能力和服务水平满足设计通行目标即可。

对该报告中的第二点结论，笔者觉得非常奇怪，凭什么得出“多个指标组合叠加效应下”“道路的整体安全性受限”了呢？到底“整体安全性受限”在什么地方、如何受限了呢？所谓的“整体安全性受限”又与低限指标，以及多个极限指标组合之间到底有什么样的关系呢？除了笔者后面文章（5.2）中提出的“长大纵坡等低限指标路段的安全冗余降低”的提法之外，至今似乎并未看到其他令人信服的调查或研究结论。

可能持有这种“公路采用低限指标就意味着不安全”观点的人士不在少数，笔者通过调查了解，这种观点唯一的依据是——这些采用低指标或低指标组合路段的事故数较多、较为集中。可是，事故调查显示，这些路段事故的主要原因是人和车的因素，甚至是违法、违章导致的，并不是低指标导致的，并且，有很多采用了低指标和低指标组合的路段事故率并不高。

道路设计的基准条件是——合法合规、正常的人、车与环境。不应把明确是人、车的违法、违章导致的事故和问题，简单地归结为道路采用的低限或极限指标上。

4.2 关于事故黑点路段判定

该报告中专门提到了秦岭隧道口位置应该属于“事故黑点路段”或者“安全隐患路段”，但是在相关整改中并未发现并整改。该报告还认为“传统的事故黑点判定方式存在一定局限”，即现在采用的判断和界定事故黑点路段、安全隐患路段的方法存在问题，不够科学、系统化。

笔者对此提法也不甚认同。根据该报告，“西汉高速 8.10 事故”隧道口路段，经调查在设计上并无任何问题，事故路段在桥隧衔接方式、道路几何线形、平纵横指标、交通标志及照明设施设置等各方面均完全符合相关技术标准规范的要求。包括该路段处（隧道口外）未设置过渡衔接设施，也是符合原标准规范要求的。同时，该报告中也提到，该隧道口位置，在“8.10 事故”之前并未发生过各类交通安全事故。那么，到底如何界定该路段应属于安全隐患路段呢？又该依据什么界定呢？

按照该报告，“8.10 事故”是由于驾驶人疲劳驾驶和违法超速直接引起的，因此，明确是属于驾驶人违章违法导致的、偶发性的意外事故的性质。笔者认为，对于这样的违章违法直接导致的、偶发性的意外事故，即便是在发生“8.10 事故”之后，也没有科学地、充分地依据认定该路段为安全隐患路段。何况，在没有发生“8.10 事故”之前呢？

如果仅仅因为发生了“8.10 特别重大事故”，就判定该路段属于事故黑点路段的话，那么笔者认为这是不符合安全系统工程理论体系的，也是不符合安全事故客观规律的。这种观点仍然是以绝对的安全性在要求道路和设施，即安全就是永远不发生事故，安全就是一次事故都没有！反之，也就是只要发生一次事故，就说明是不安全的。也就是之前笔者曾批驳的——“事故才是检验道路安全性的唯一标准！”的提法。

或者有人认为，判定该路段属于安全隐患路段的理由是——未按照新标准设置过渡衔接设施。这也是偏颇、过于理想化的，不符合全世界工程建设与管理的客观情况，也显然是无法实施、落实的。试问，如果今天把所有不符合新标准和规范的既有道路或点段，全部列为事故黑点路段，并且要求全部整改的话，那么恐怕全国有无数条道路都要被列为安全隐患路段了。如“2014 版公路标准”对桥梁荷载标准有所调整和变化，如果按照上面的提法，岂不是全国很多的桥梁要全部被列为危桥，必须要拆掉、加固或者重建了吗？

因此，“新路新标准，旧路旧标准”才是真正符合实际的管理和问题界定原则！关于“8.10 事故”隧道路段到底是否属于事故黑点或者安全隐患路段，希望公路行业和交通安全管理领域的专家和学者们，可以进一步展开讨论。

4.3 关于事故中道路因素解读

在该报告中，报告人分别对“陕西淳化 5.15 事故”“湖北鄂州的 12.2 事故”“陕西安康的 8.10 事故”进行了较为详细的解读。但笔者注意到在解读报告时，存在多处描述不准确、甚至错误的情况。

（1）关于陕西淳化 5.15 事故

根据国务院公布的事故调查报告，2015 年“5.15 事故”发生在陕西淳化县淳卜路，“该公路系县道三级公路，设计速度为 30km/h，事故路段局部为四级公路，设计速度 20km/h”。但此次会议的报告人却描述其为“该公路是四级公路改二级公路的项目”。笔者等人员曾在事故后调阅过该条公路的两期设计文件，设计文件中明确该公路执行的是陕西省农村公路标准，并未执行我国公路行业标准。也就是说，对照我国公路行业标准，该公路只能属于“等外公路”的性质。在事故调查报告中，按照该路的实际技术指标、路基宽度等，大致对照到行业标准，即总体三级公路、局部四级公路，是可以理解的。

不同的公路标准和技术等级，不仅仅在主要几何指标、设计速度、路基宽度等方面是不同的，而且在交通组织方式、路侧安全设施防护等方面的标准也是不同的。对于公路交通行业而言，农村公路、等外公路与符合行业标准的二级公路、三级公路是不同性质的道路。

（2）关于 8.10 秦岭隧道事故

关于“8.10 秦岭隧道事故”路段，报告人在解读时对该路段的描述是：该路段属于“三道变两道”的情况。笔者记得，这种“三道变两道”的用词和说法，曾经在网络上出现过，主要是出现在事故发生之后网友对该路段的描述中。当时，有网友认为，在该路段高速公路采用了分离式路基，事故路段高速公路在隧道外为三车道，但在隧道口位置时收缩成为两车道。当时，很多网友质疑和讨论的焦点，集中在高速公路的车道从正常的三车道在隧道口收缩成两车道，这样的设计是否合理、是否有安全隐患等问题。后来，关于“三道变两道”的说法不再有人提及，因为通过网络等渠道，广大网友开始逐步了解，隧道内外高速公路的主行车道均是两车道的，并非三车道。处于该断面处最外侧的部分，是从服务区开始的加速车道。因此，“三道变两道”的质疑和争论就自然停止了。而在本次会议上，报告人却仍然采用了早前网友的说法，让人难以理解。

虽然只是几个字的差异，笔者等为什么如此敏感呢？原因是对于任何一个从事道路交通专业的人员而言，“车道”和“加速车道”在本质上是两个完全不同的概念。对于高速公路而言，正常的行车道可以简称为“车道”，而高速公路采用的车道数是根据交通量、道路通行能力和服务水平等因素综合确定的。车道数的增减加变化是必须符合车道数平衡等原则和条件的，车道数增减的位置也是有特别要求的，极少出现把车道数增减的过渡段设置在隧道口附近的情况。而加、减速车道，则是设置在服务区、停车区、互通式立交、收费站等各类出入口位置，为车辆进、出与主线分、合流，并进行加、减速的过渡性辅助车道。对于高速公路而言，在各类出入口位置设置加减速车道则是必然、合理性的措施。同时，加速车道终点处的过渡变化、与隧道进口之间的距离，也是符合相关专业规范要求的。

4.4 结语

在本次重大研讨会议上，安全监管部门对多起事故的权威解读报告，受到了各相关行业、部门，各级专业技术人士的高度重视。尤其是道路交通专业的很多技术人员，大家在聆听会议报告之后，还纷纷在会后特别索取了会议的资料和成果。

笔者在这里对该报告的部分内容和结论进行剖析和解读，只是想呼吁：道路交通安全问题是全世界面临的问题和挑战，也是全世界道路交通行业人士关注的焦点。类似报告和解读，应深入调查掌握道路建设与管理的实际情况，应基于扎实的专业背景和科学研究基础，还应当避免出现网友类似的错误或口误，应该更专业、更严谨、更客观、更准确地向民众甚至是向国内外解读事故的相关情况。同时，积极向民众传播道路建设与交通安全的相关知识，提高民众交通安全意识，消除一些其对道路与交通安全的偏见和误解。

8.10 秦岭隧道事故思考

再论事故与道路的关系

（2017 年 9 月 5 日）

秦岭隧道事故发生距今已有快一个月的时间了，尽管媒体报道事故的相关信息已经比较少了，但与事故相关的讨论，却在道路、设施、安全管理与研究等专业领域内，逐步进入“白热化”。笔者连续发表的数篇关于“秦岭隧道事故讨论”的文章，受到了众多网友，尤其是行业相关从业者的关注。

道路与安全问题一直以来就是全球性的公共安全问题之一。对于交通安全问题的研究讨论，也绝非一两句话就可以说得明白的。因此，笔者在这里对事故与道路的关系再做进一步的剖析和阐述。

5.1 再论事故与道路的关系

前文中，笔者提出过两点认识：一是，不应根据事故直接研判道路是否存在问题；二是，不应根据事故直接评价道路设计是否存在缺陷。于是，有网友甚至是安全方面的专家质疑，“难道说，事故就与道路没有一点关系吗？”“难道无论道路设计如何，都不会影响行车安全吗？”，答案当然是否定的。

对于上面的提问和质疑，在此做进一步解释说明：

（1）不应根据事故“直接研判”道路是否存在缺陷

因为导致事故或与事故相关的因素是多方面的，包括人、车、路、环境、管理等多个方面，有时是单一因素诱发的，有时也可能是多因素共同作用的。有时道路可能是直接致因，而更多的时候，道路既不是直接（主要）因素，也不是间接（次要）因素，而是“相关性因素”。何为相关性因素呢？例如，在很多事故中，经过科学调查与分析，发现事故是由人、车等因素直接或间接导致的，与道路条件等并无直接关系。此时，事故与道路的关系仅仅是——该道路是事故的发生地而已。因此，对于任何事故都必须按照事故致因理论与方法，进行科学的分析研究之后，才可以评判道路是否存在缺陷或问题。而且，按照事故致因理论，往往是需要对多起同类典型事故进行分析，才可以得出结论，一起事故并不足以支撑结论分析的科学性和规律性。

在事故致因分析中，若采用多因素交叉分析方法，还应进一步对道路自身因素和环境因素加以区分。这是因为目前往往是将道路自身因素与环境因素合并考虑的（合称为“道路环境因素”），但实际上其中占比较大的并非道路自身因素，而是气象条件导致路面湿滑结冰、雨雾影响驾驶人视线，以及道路围挡施工、路侧街道化等非道路自身因素。

（2）不应“直接”根据事故评价道路设计是否存在问题

以下对通过事故统计调查、到提炼技术标准与指标、再到指导道路设计等的科学化逻辑关系加以说明。图 1 是一个示意性的逻辑关系图，也可以说是从事故统计调查，到以技术标准指导道路设计的基本逻辑图。

由图 1 可知正在运营的道路上会因为各种原因发生不同形态、不同危害的交通事故。对所有路段上的事故进行收集、整理、统计分析之后，才能基于事故致因理论，分析研判事故与道路的相关关系。在获得一定的“事故与道路的关系”之后，从避免和减少事故的角度出发，总结提炼出对道路设计、管理等新的认识和要求（最终可能是设计原则、技术指标要求或设计的要点内容等）。然后，对相关要求进行归类，适时修订或编制技术标准与规范；最终，以正式发布的技术标准规范作为新的道路设计的依据，开展道路设计或对既有道路进行改造。

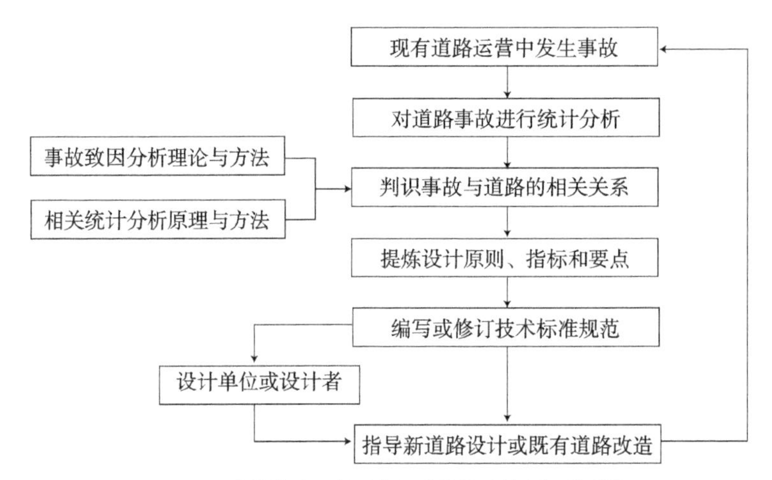

图 1　从事故统计分析到指导道路设计的逻辑关系图

尽管上述图示的逻辑关系并未在相关文献或专业书籍中正式出现，但是在道路设计与管理、交通安全研究、技术标准编制等各个层面，却是被完全公认的。在秦岭隧道事故发生后，一些安全专家对道路“可能存在缺陷”等发表的文章和言论，导致广大民众并没有正确认识到上述逻辑关系，于是根据一起因疲劳驾驶直接导致的偶发性事故，开始武断地评判道路、道路设计乃至技术标准的安全性。

因为在上述逻辑关系中，道路设计的“依据”是技术标准，而不是，也不可能是直接的事故资料或事故记录等，更不可能是某个人的经验或认识。不论是设计者本人的，还是安全专家的；不论专家是国内的，还是国外的。那么，既然设计依据是标准，不是事故，不是经验和认识，又怎么以事故、经验、认识来评判设计呢？

综上可知，不能简单、直接地（注意是“直接评判”不是“评判”）根据事故（是否发生事故、事故发生多少、事故发生的严重程度等）评判道路是否存在缺陷；当然也不应根据事故直接去评判道路设计是否存在问题。对道路设计的评判，只能是依据现行的技术标准（包括道路安全性评价的相关规范等），而评判的最终结论的实质是——道路是否达到了既定的安全通行条件。

5.2 为何隧道、长大纵坡路段事故相对多发、集中

前文指出，不能因为发生事故，或者事故多，就直接得出道路存在缺陷的结论。因为事故的致因是人、车、路、环境甚至管理等多方面因素；我国相关部门公布的事故统计资料表明，人和车是绝大多数事故直接和主要致因，道路的因素仅站到1%甚至更低……

于是，有专家提出：如何解释山区高速公路长大纵坡路段、互通式立交与隧道等各类出入口路段的事故相对集中、多发呢？如果事故与道路因素无直接关系，为什么事故会在线形指标比较低的长大纵坡路段、急弯陡坡路段相对集中呢？如果事故是偶发的、随机出现的，那么事故在道路上应该是随机分布的，不应在上述路段集中出现。对这些问题，在此做进一步分析和解释：

（1）事故并一定在道路条件较差、线形指标较低的路段集中出现

在《国家道路安全行动计划》项目中，对我国云、贵、川、渝等地区开展道路交通事故调查研究发现，高速公路与普通公路事故特征存在一定差异性。对于以二、三级公路为主的国省干线公路而言，虽然较多路段位于山岭重丘区，存在急弯陡坡等现象，但是统计资料显示，事故却并不集中在几何指标较低的急弯陡坡等路段。相反地，事故较多发生在线形指标较高的平直路段上。经调查发现，发生事故的主要原因是这些路段较为平直，驾驶者注意力降低、车辆速度普遍容易提高而产生的。图2是项目研究得到的高速公路、双车道公路事故路段分布图。

（2）长大纵坡、隧道出入口、弯道等路段的安全冗余低于一般路段

高速公路隧道进出口、连续长陡纵坡等路段事故相对集中，是因为这些路段受到地形条件等限制，能够提供给驾驶人和车辆通行的安全冗余低

于一般路段而导致的。例如：在一般直线路段，由于车道线相对平直，行车轨迹变化较小，驾驶人可能不需要随时对方向进行调整和把控，甚至驾驶人的视线可以在片刻内（约几秒时间）离开道路方向；但在弯道路段，驾驶人则需要根据道路线形条件，随时对方向进行调整把控。

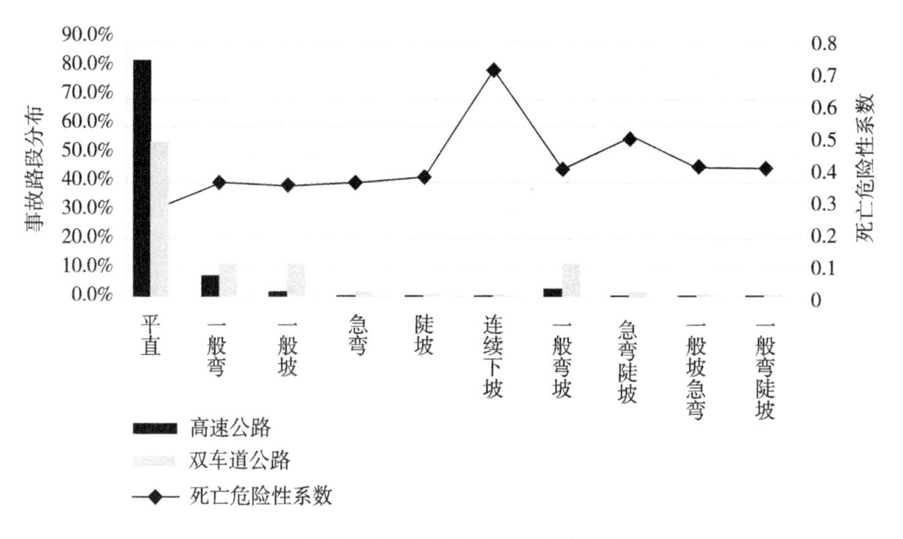

图2　高速公路、双车道公路事故路段分布图

视距是保障行车安全最关键的指标，车辆行驶速度越快，要求的安全视距越远。在一般平直路段，道路提供的视距条件往往大于限速和设计速度所对应的视距条件。此时，即便驾驶人驾驶车辆超速，即实际行驶速度超过设计速度或限制速度时，视距条件仍可能满足安全要求。但是，在山区弯道等路段受到周围地形条件等的限制，道路设计的视距条件必然满足设计速度和限制速度对应的视距条件，但却无法满足驾驶人超速行驶时所需要的安全视距条件。毕竟道路设计是依据设计速度（或规划的运行速度）进行设计的。同样，道路弯道处的超高也是如此。道路设计的超高可能支持 80km/h 及以下速度，而车辆如果超速达到 120km/h 甚至更高时，此时路拱超高可能就不足以支撑其顺畅、平稳地通过弯道和进行转向操作了，甚至会出现侧向滑移、甩尾等现象。

另外，在纵坡平缓或上坡路段，如果车辆出现短时间的超速现象，即使驾驶人不及时主动采取制动措施，来自路面的摩阻力和空气对车辆的风阻力等，也会对车辆产生一定减速作用的；但在连续下坡路段则情况不同，如果驾驶人不主动采取必要的制动措施，车辆可能会因为车辆自身的重力加速度而逐渐加速……

一直以来，国内都有人质疑高速公路长大纵坡的安全性，但笔者等通过对驾驶人问卷的统计分析发现：几乎所有驾驶人都认为，即便是在长大纵坡的路段，当驾驶人完全合法按章操作、车辆合标合规时，是绝对不会出现车辆失控等安全问题的。但是，这些路段与一般路段比，对驾驶人驾驶操作、合理控制速度、集中注意力以及车辆性能条件等的安全冗余是相对降低的。于是，当驾驶人和车辆在这些路段上出现违法、违章、违规等情况时，就更容易发生事故。

简而言之，长大纵坡、隧道出入口等路段事故较为集中的原因，在于这些路段对驾驶人和车辆等的违法、违章行为或不完全状态的安全冗余低于一般路段。尽管“道路安全冗余”一词应该是首次提出吧，但其符合道路基本设计原理，符合长大纵坡、隧道出入口等事故集中路段的实际情况。在此阐述“安全冗余”目的是向安全专家、专业人士和网友强调一个不容混淆的事实——道路设计的基准条件是合法合规的人、车规范行驶的条件，即道路并不能保证非正常条件下的行车安全性的。

5.3 如何防治 9.6 台州隧道事故

在整理这篇文章时，网上就出现了“9.6 台州隧道口发生货车撞山事故”的报道，题目类似为“司机疲劳驾驶，没进隧道飞上了山头”。关于事故的报道内容，在网上可以随时浏览得到，甚至还可以浏览到整个事故发生的全过程视频。图 3 与图 4 是来自网络“9.6 台州隧道口事故”图片。

从现场图片、视频可以清晰看到，“9.6 台州隧道事故”与“8.10 秦岭隧道事故”的不同点在于：

图3　9.6 台州隧道口事故

图4　9.6 台州隧道口事故

① 该隧道洞口外并未出现所谓的“车道缩减”情况；

② 该隧道洞口也未“建设有断头的隧道端墙”；

③ 该隧道洞口位置实施了护栏的连续设置，波形梁护栏延伸到了隧道洞门；

④ 事故的严重程度远远小于秦岭隧道事故。

与秦岭隧道事故相同的情况是：

① 事故发生在高速公路的隧道口；

② 驾驶人均明确属于违法疲劳驾驶。

那么，面对又一起发生在高速公路隧道口的交通事故，笔者试问因秦岭隧道事故质疑道路问题、设计缺陷乃至标准问题的安全方面专家，对于此次台州隧道口外发生货车事故，又该做何解释呢？道路和设施的问题又在哪里呢？又该如何宽容设计呢？如何基于宽容设计，防止事故发生呢？

事故调查表明，两起事故均是由驾驶人疲劳驾驶直接引发的。因此，遏制事故的关键是加强管理，杜绝驾驶人疲劳驾驶等现象发生，这样才能从根本上杜绝各类似违法违章导致的事故，而不是一味地希望通过静态的道路与设施最大限度地去减少、减轻事故发生之后的危害程度。

庆幸的是“9.6 事故”的损失远远小于秦岭隧道事故，可那并非是道路和设施所能决定的。毕竟，因疲劳驾驶引发的事故形态和危害，主要取决于违章违法的驾驶员开的什么车，在什么时间、什么地点开车打瞌睡的。根据事故调查统计，疲劳驾驶导致事故的形态，无外乎是侧向剐蹭其他车辆、冲出路外、撞击路侧设施及山体，而更多是撞击前车的尾部——追尾。此前，发生在陕西延安包茂高速上的“8.26 特大交通事故”，是另一起因为客车驾驶员疲劳驾驶导致的追尾事故。

8.10 秦岭隧道事故思考

如何理性向美国学习和借鉴

（2017 年 8 月 28 日）

在秦岭隧道事故发生后，有安全方面专家发文，提出依据宽容设计理念，批评事故路段存在安全缺陷。笔者结合个人认识，对宽容设计理念发展过程及其存在问题与应用等进行了分析研究，指出宽容设计并不能从根本上降低事故数量与意外事故的风险。而近日，仍有专家对美国宽容道路理念的应用效果等进行引述，其目的无非在于批评我国道路和道路标准存在问题。

在前面文章的基础上，本文继续对宽容设计和道路缺陷等相关问题进行分析、讨论，并阐述如何理性地向西方国家学习和借鉴。

6.1 美国做的，不一定就是正确的

尽管美国在 20 世纪 7、80 年代曾经推广了宽容道路的理念，正如前文指出的一样，宽容设计的理念并未纳入道路设计的理论体系。因为，无法给出宽容设计的定义、无法界定其适用对象、效果、目标……无法应对由于容错而可能引起的整个交通系统的安全风险等问题。所以，尽管美国

曾经实施了宽容道路，但笔者认为美国也并未将其视为能遏制违法和意外事故的万能钥匙。美国也并未像一些安全专家认为的“只有实施宽容设计，才能避免这样的惨痛事故”。

实际上，宽容道路理念一经提出，国内道路交通领域的研究人员、学者等，就马上开始追踪。道路交通行业的人士，应该记得关于公路设计新理念等相关的提法。可是，到目前为止，在美国道路设计与建设实践中，宽容设计的举措大致与中国是相同的，即把部分经检验有效的、可行的措施，引入到设施设计、安全评价（或称为安全审计）程序中，逐步推广。

国内相关安全专家在引述、介绍美国开展宽容设计理念及其实施效果的时候，却未提到以下两个方面的情况。为了让读者更为全面、客观地了解宽容设计理念在美国实施的综合情况，本文做以下补充：

第一，按照美国对宽容道路实施的相关介绍，美国道路事故死亡率在实施后是有明显下降过程的（每年道路交通事故死亡人数稳定在约 3.5 万到 4 万人之间）。但是根据最新官方统计资料，美国 2015 年交通事故死亡人数较 2014 年上升了 8.4%，2016 年的死亡人数较 2015 年增长了 5.6%，出现了显著上升的趋势，这又该如何解释呢？与实施宽容理念有什么样的关系呢？美国道路交通事故见图 1。

图 1　美国道路交通事故

由于宽容理念本身就存在逻辑错误，宽容设施并不能完全发挥预期的效果，在车辆接触到护栏、避险车道等宽容设施时，事故已经发生了；宽容理念混淆了道路设计、服务的基准条件等，美国的“宽容道路”也只是在特定时间、一定发展过程中的一个阶段性认识罢了。

第二，美国提出宽容道路理念时，作为对应的定位和发展目标，同时提出的另一个要点内容是——交通事故零死亡。在本次讨论中，安全专家只提到了宽容道路的理念，而未提及美国宽容道路的目标定位。

美国相关研究者早已认识到宽容设计的局限性，认识到交通安全事故的必然性、偶发性、随机性的特点和宽容设计存在的问题。也已经认识到，关于交通事故零死亡的目标是不现实、不客观的，甚至是错误的。因为美国连续多年来，每年交通事故死亡人数大约都在4万，并未出现降低的情况。

因此，尽管美国在很多方面是世界领先的，但是美国做的，不见得就是正确的。学习借鉴，固然在任何时候都是值得鼓励的，但不能恰当区别自己和别人的差异，盲目迷信别人的做法，恐怕是不行的。

6.2 必须客观认识我们与美国的差距和差异

想必一些有过在美国留学生活经历的人士，都对美国工农业的高机械化程度印象深刻吧？笔者曾经留意到美国公路绿化带维护的作业简况。（图2）

一名工人戴着墨镜、手套，把卡车停在路肩上，卡车后面拖着一个巨大尾巴——防止后车追尾的防撞装置；接着，工人先从车上开下一台机器，对草坪主体进行了修剪；然后，又开下来一台机器，把草坪的边缘修剪整齐；再接着，第三次开下来一台机器，用途竟然是把洒落在路肩上的草叶“呼呼地”吹得一干二净……最后开下来的机器，可以同时给草坪施肥和喷洒农药。看到这个场面，笔者感慨：差距确实大呀！不知道咱们的养护工人们看到了该有多羡慕呢！毕竟，我们国家公路维养等工作仍然是以人工、手工为主。

图2 割草机图示

是的，尽管今天我国的经济总量排在世界前列，我们道路基础设施的建设成就和技术甚至超越美国，但是，我们必须客观地认识到，我们在诸多方面与美国的差异还很巨大，有的方面或许还要差上几十年呢。

笔者建议，第一，我们首先应准确定位中美间的差异——我们与美国处在不同发展阶段，这是客观现实情况。不应在沟通交流、学习借鉴的过程中，忽略了这个差距；不应简单地把美国今天做的事情，简单地定位成我们理所应当的发展学习目标。毕竟美国所做的事情，是基于其综合条件，而往往是不适应于我们的发展阶段和国情条件的。

笔者前文提到，我国目前道路交通事故的特征与美国是截然不同的。不仅是事故总量存在很大差异，更重要的是：我国事故中人和车的违法、违章、违规情况导致的事故占比很大。而这，与我国正处于工业化快速发展阶段是紧密相关的。因为，安全系统工程理论研究指出，世界上所有处于这个阶段的国家，均会是事故集中、多发的。而美国，早就是世界发达国家的代表，社会、经济相对稳定，人、车管理更为规范，民众交通安全意识和法制观念强，事故尽管也是人的因素为主，但是属于违法性质的占比很低……

第二，我们应该紧密结合自身的发展阶段和事故特征，提出适应当前自身条件和问题特征的解决方案，而不是照搬美国等发达国家的做法和理念。笔者认为，现阶段，我国要遏制事故交通，最关键、最有效的举措必然是加强对人和车的管理，而不是以宽容理念改进设施。请注意笔者这里说的，最关键、最有效的举措。任何时候，讨论改进设施都是必要的，有意义的。

6.3 “安全”早已是道路设计与标准编制的基本原则

有安全方面专家批评，道路只是简单以几十年前的技术指标进行固化的设计，并未适应我国道路交通系统发展变化，未考虑安全方面的新需求；或者道路设计在满足固化指标后，不再讨论可能的改进……

在前文中，笔者阐述了技术标准是一个国家在一定阶段，对道路技术和安全条件认知水平的综合体现。据笔者掌握，公路行业技术标准、规范大致上按照每十年一个周期，在进行滚动性的修订完善。早在2003年版本的公路技术标准修订中，就已经在我国国内调查研究的基础上，把运行速度和安全评价等纳入标准体系之中；而就在近数年内，交通行业还基于运行速度理论和方法，研究编制了我国道路安全性评价的技术规范，以指导道路安全评价工作。道路安全性评价的内容，绝对不只是简单的标准规范符合性检查的。

道路交通行业对“安全”的发展一直在路上，从未停止过。或许只是限于行业差异，部分安全专家并不完全了解道路交通行业的发展情况。作为我国市场最开放、发展最快的工程行业，道路交通行业对技术标准的发展、研究，一直是走在世界前列的。在技术标准体系的研究、发展中，“安全”早就成为道路设计与建设首要的前提条件了。现在，无论是在行业技术政策、具体技术标准规范条文中，关于道路设计的理念、原则等，首先是“安全”，其次才是“环保、功能、经济”等内容。如果有安全专家对这些还有质疑的话，笔者后续将进一步讨论和说明。

6.4 道路设计历来就是一门多目标平衡的艺术

在笔者工作几十年认识的专业人士中，在全国各地，都有不少人一辈子致力于最优化道路方案及相关技术的研究和探索，甚至到了痴迷的程度。有大学教授，还有老工程师，有人甚至到了花甲之年，竟然还执着钻研最优解和优化技术。这些都证明一个很早就有的认识：道路工程本来就是一门与时代、社会、经济条件密切关联，同时兼顾安全、经济、环保、功能、技术等多目标因素平衡的艺术吧。记得，国内某道路方面专家，竟然撰写完成了《道路工程哲学》的专著。

对于任何国家和地区，在经济不发达、运输依靠牛车的时候，大家关心的是道路“通不通”的问题；在经济有所发展、交通需求增加之后，人们关心的是道路能“通的量”的问题；而在社会逐步迈入小康的时候，民众对道路交通建设的需求，则包括安全、舒适、快捷等更多方面。试想，如果在大家都还吃不饱饭的时候，有人大讲吃东西要注意食品安全，岂不是太不合时宜了吗？在还没有钱修通一条道路的时候，却强调道路一定要遵循宽容设计的理念，岂不是可笑吗？而今天，对于高速公路而言，其设计和建设的理念早就与之前不同了，“安全第一”也早就脱离口号层面的性质，真正贯穿于工程的各个专业领域了。

因此，道路设计与建设历来就是一门传统的土木工程专业，道路设计必须兼顾多种因素，并不是像一些网友和安全专家理解的，单单地只关注道路功能，而不关注安全；或者只关注建设技术，不关注环保。以西汉高速公路为例，30 年前，我们能修建的只能是二、三级等级的公路，不论是经济，还是技术；而现今，我们却有能力设计以大规模桥隧结构、克服大自然天堑的高速公路。而即便是高速公路方案，晚修十年和早修十年，其建设方案可能也会有所差异的，因为技术、经济条件均会发生变化，设计、建设的理念也一定会有发展变化。

总之，笔者认为，道路设计本来就是需要兼顾、平衡多重因素的，道路设计建设的理念一直在发展变化，而“安全第一”是当今的主题和前提。

6.5 客观认识低等级公路安全设施缺口问题

长期以来，交通安全管理部门有人一直对道路及设施持批评态度。笔者了解，这些批评实际上只是集中在道路护栏等安全设施方面，且主要是集中在一些既有的低等级公路上。新建的公路项目，设施条件一般是满足标准要求的，是不存在问题的。

笔者了解，对于低等级公路护栏等安全设施存在缺口的问题，其根源主要是道路项目建设较早，而当时的道路建设目标就是“能通公路”，总体建设标准偏低，可能在当时的条件下，能修通路就已经是经济条件的上限了。或者是安全设施满足当时的标准规范，但却不能达到今天的标准。

对此类低等级公路的安全设施缺口问题，有几点需强调，第一，在判断道路设施是否存在缺陷时，应采用与法律相同“法不纠以往”“新路新标准，老路旧标准”的原则，而不应简单地按照今天新的标准规范要求既有道路及设施条件。第二，应客观看待这一现实问题。毕竟，这一问题显然是由于历史和发展的客观原因造成的，往往存在于一些偏远、经济不发达地区的低等级公路上。

有人说，当你批评某个人家中卫生条件差的时候，一定先要弄清楚这家的缸里是否还有没有米。我们国家过去经济落后、基础设施条件差的情况，大家都是了解的。我们怎么可能不考虑基础差、底子薄的实际国情，而只是站到道德道义的制高点上，居高临下地一味批评、指责呢？所谓“站着说话不腰疼”嘛！更何况，当这个“家”同时也是你的“家”的时候，而你也是从这个“家”里走出来的时候。

另一方面，我们还应积极地看到，上述情况不断在发展变化，尤其是在全国范围内实施安保工程之后，国省干线公路在路侧防护设施方面的“短板”有了巨大的改观。例如，以往在大家心目中属于典型的偏远地区、且以行车危险而著称的几条进藏公路，不就发生巨大改变了吗？过去只有四驱越野车、自带油箱才可以进藏的状态，已经一去不复返了，家庭轿车也可以轻松到达拉萨了。

对于高速公路，笔者认为我国新建的高速公路，尤其是跨越天堑的重大项目西汉高速公路，无论在道路几何指标、路面状况条件、路侧安全设施等方面，均是不会存在设计缺陷或问题的。在一定角度上，此类项目的建设已经代表了国家和行业的最新技术和安全水平了。

6.6 应摒弃狭隘、偏激的思维方式，以积极正能量为安全做实事

当前，与美国等发达国家比较，我们国家道路等基础设施的硬件条件已经突前并趋于世界的前列了，但是客观而言，下一个阶段我们要在整体交通安全水平上赶上世界水平，重点则在于加强管理、教育和法制等方面。至于这些方面，或许我们与国外的差距远大于工程建设的技术和理念。笔者对这些领域缺乏研究，不懂也不敢多说，更不会去指责或批评。笔者非常赞同孩子上小学学习社会主义核心价值观时，老师指导孩子作文时的评语：“一个人做好自己的事情，就是爱国！小学生做好自己本职工作——学好知识，锻炼强健体魄，也就是爱国！”是的，或许对这些话有人的评价是“空、大”，但是我们每个人、每个行业、每个部门，首先应该先做好自己的事！而不是一有问题，就相互指责。

笔者呼吁，一些安全专家、相关安全管理部门，能够真正摒弃狭隘、偏激的思维方式，摒弃管理上条块分割引起的固化思维惯性，以客观、积极的态度看待我们现存的各类问题和矛盾，携手为国家的交通安全做些实事。以往三部委、七部委在道路安全、在超载治理方面的联合行动，不都是很好的先例吗？对于安全专家，尤其自勉要为改善国家交通安全而努力的人士，更应该正确看待今天在学术上、理念上、理论方法上的争辩与对撞。毕竟，笔者所分析、讨论的，只是一些安全专家和网友的观点，而非其他。笔者也深知，自己所谈也无非是一家之言而已。笔者也完全认同学习和借鉴的作用，也完全认同主动防护是道路设施应进一步改进完善的方向。

8.10 秦岭隧道事故报告再解读

隧道口属于安全隐患路段吗

（2018 年 1 月 31 日）

8.10 事故路段图片

7.1　对“8.10 秦岭隧道事故”调查报告的几点认识

近日，“8.10秦岭隧道事故”调查报告正式发布，又一次引起大家的关注。通过研读，笔者对事故调查报告有以下几点认识：

① 事故的直接原因有两点：一是驾驶人疲劳驾驶；二是事故车辆超速行驶，即是由于驾驶人违法、违章驾驶直接导致的严重交通事故。

② 事故间接原因有五个方面，其中与道路条件相关的是：事故现场路面视认效果不良。具体包括照明路灯未打开，路面车道分隔标线有 40m 磨损，且局部标线宽度不满足标准要求。

③ 报告中明确，事故路段桥隧衔接方式、道路几何线形、平纵横指标、交通标志及照明设施设置等各方面，均符合相关技术标准规范的要求。虽然报告载明了该路段处（隧道口外）未设置过渡衔接设施，但显然也符合原设计标准。

④ 另外，报告基于该路段在“2014 年度全国十大危险路段”整改中，安全隐患排查不到位，未将隧道口点段研判为安全隐患点，并实施整改措施（主要指未按照新标准规范设置过渡衔接设施）为依据之一，对相关单位和责任人进行追责处理。

上面④的结论和处理结果，估计在我国道路交通事故处理、追责中属于“首例”——即以没有研判发现（零事故记录的）安全隐患（点）为依据，对相关单位和责任人进行了追责处理。

7.2　关于安全隐患路段研判的讨论

仔细研读事故调查报告，可知报告得出“对事故路段安全隐患排查不到位，未发现事故隐患并实施整改”的逻辑如下：

① 该路段被列为“2014 年度全国十大危险路段”，责令进行整改；

② 在整改中未能研判、识别出隧道口存在安全隐患，即未将其判定为安全隐患点段；

③ 进而未对隧道口采取整改措施，具体应该指未按照新标准设置过渡衔接设施（护栏）。

上述逻辑实际上是不能完全成立的，笔者具体从以下方面加以分析论述：

第一，“全国十大危险路段”的判定缺乏依据

前面《何为道路绝对安全性》一文中已经指出，仅仅依据全国某一段道路在一个时期内发生的事故数量（事故数量和事故危害影响），直接判定某一路段为所谓的“全国十大危险路段”之一是缺乏根据的，无论基于事故致因理论，还是道路安全事故特性与常识，都不能仅凭事故数多或少就判定道路存在安全隐患。

众所周知，交通事故的致因往往是多方面的。根据公安部统计资料，我国道路交通事故的主要致因和直接致因是人和车的因素，道路因素占比不到 1% ……而且全世界道路交通事故的致因和规律均是如此的。因此，如果未对事故进行全面调查和致因分析，仅凭事故数认定安全隐患路段或事故黑点，显然是缺乏依据的。

第二，隧道口点段此前无事故记录

报告显示，该公路其他路段在“2014 年度全国十大危险路段”安全隐患排查工作中，实施了整改措施，但对隧道口位置未实施整改的原因包括：

其一，在“2014 年度全国十大危险路段”的整改通知或其他相关文件中，并没有明确指出该隧道口存在安全隐患，也并未明确指示该位置应补充设置过渡衔接设施；其二，在整改时，因为隧道口点段自通车以来并未发生过事故，故无从判定隧道口点段应为安全隐患路段或事故黑点，也就无须实施整改措施了。这一点，报告结尾部分第五部分的内容可以验证。

第三，“8.10 秦岭隧道事故”属偶发性意外事故

根据调查报告，“8.10 秦岭隧道事故”明确是属于驾驶人违章违法导致的偶发性意外事故。而对于偶发性的意外事故，即便是在发生“8.10 秦岭隧道事故”之后，也没有科学的、充分的依据认定隧道口属于安全隐患路段。更何况在没有发生“8.10 事故”之前呢？

因此，8.10 秦岭隧道事故调查报告以事先未研判发现该处隐患为理由，

追究相关单位和人员责任，恐怕难以让人信服。

7.3 不应以新标准追责旧路

另外，“8.10 秦岭隧道事故”发生路段的项目设计、开工时间在新标准发布之前，采用和执行的是旧标准。而旧标准未要求在桥梁与隧道过渡处设置过渡衔接设施，新规范增加了这一要求。于是，有网友认为，安全隐患整改发生在新标准发布之后，相关单位理应依据新标准发现并增加过渡衔接设施。

网友的这一认识显然是理想化、不现实的，既不符合道路建设与发展客观情况，也不符合技术标准修订变化等实际情况。道路基础设施一旦建成，是很难轻易改变的，除非按计划实施一定的改扩建或改造工程。而作为指导道路建设的技术标准，尽管有很强的延续性，但却因为国家技术政策、科学技术、社会经济与建设条件、交通与安全需求等因素的发展变化，必然在不断地修订变化。全世界道路与标准之间的关系都是这样的，也就是说，道路设施是不可能永远与技术标准的发展变化保持实时同步的。

因此，我们不能简单地以新标准去评价旧路设计是否存在问题。

7.4 关于安全隐患路段的排查方法

在报告第五部分“吸取事故教训建议”一章中，关于“进一步深化道路交通安全隐患排查治理”时强调“……定期组织开展道路安全综合分析，系统全面地梳理道路存在的安全风险点及危害程度，对于交通事故较少但存在较大潜在安全风险的道路点段，也要纳入计划进行有步骤地改造，切实提高公路安全隐患排查治理工作的科学性和前瞻性。”

对应本文前面对隧道口是否属于安全隐患路段的讨论，笔者认为报告强调的这一建议，在实施上恐怕存在极大难度。如果说，仅凭事故多少界定“全国十大危险路段”是不科学的，那么，要脱离事故记录（事故数较少或者零事故记录）研判存在较大潜在安全风险的路段，则绝对是一种挑战。

8.10 秦岭隧道事故报告再解读

专家的研判错误

（2018 年 2 月 7 日）

2017 年，“8.10 陕西秦岭隧道特别重大交通事故”牵动了全国人民的心。国务院第一时间成立事故调查组，赶赴西安开展事故调查。当时，一个情况令人印象深刻：网络上陆续出现了多篇异口同声质疑道路设计的文章，有文章竟然断言“道路缺陷是导致事故的最主要因素”。以下是在此期间公开发表在一些纸媒和网络上的相关文章：

- 《秦岭隧道事故 36 人遇难，道路缺陷是最主要因素》
- 《“宽容性道路”可以拯救无数生命》
- 《道路设计与安全有大关系！香港资深道路专家赴研究中心进行业务交流》
- 《秦岭 36 死大巴事故续：“合标合规”高危路段比比皆是》
- 《驾驶人的过错不应以生命为代价 道路建设应为使用者的安全着想》
- 《秦岭隧道事故：是什么剥夺了驾驶人最该注意的信息？》
- 《大巴撞秦岭隧道 36 死 13 伤，道路设计果真有问题》

在这些文章的导向下，一夜间，人们对事故发生感到震惊、悲痛、激愤的情绪仿佛找到一个发泄口，批评指责道路设计存在缺陷的舆论浪潮，几乎打翻了很多人对道路交通安全、对安全事故常识、对安全管理等基本的认知。而这些，就发生在国务院事故调查组刚刚成立之时，发生在事故调查工作刚刚开始之际。

结合对“8.10秦岭隧道事故”调查报告的进一步解读，回顾当时网络上的多篇文章对道路设计的质疑，对照事故调查报告的最终结论，让我们看看安全专家对事故调查结论的预判究竟有多少是正确的、是站得住脚的。

8.1 对道路设计缺陷的质疑

回顾“8.10秦岭隧道事故”发生后，在网络、报纸等各渠道中，对秦岭隧道及该路段高速公路设计的质疑，主要以下几点：

① 隧道口道路断面存在突变（即所谓的“三道变两道”说法）。

② 隧道端墙设计不合理。

③ 隧道口无明暗光线过渡设计。

④ 隧道口无限速渐变设计。

⑤ 隧道无路面抗滑设计。

⑥ 服务区与隧道间的距离过短。

⑦ 桥隧之间未设置过渡设施（过渡护栏）。

⑧ 道路提供了错误信息（误导了驾驶人）。

显而易见，上述出现在网络媒体上的、对事故发生路段和隧道口设计的质疑，均是指向该段高速公路在建设时，也就是高速公路从无到有这一过程中的“工程设计”阶段，所有质疑的设计问题或缺陷，也是指在“这一阶段”的设计环节。

8.2 调查报告的主要结论

2018 年 1 月 31 日，国家安全生产监督总局正式发布了关于“8.10 秦岭隧道事故”的调查报告，报告内容长达 1.7 万字，可谓详细、翔实。

在报告第二部分，概括总结了对“事故路段情况”的调查结论，报告明确“经查，事故路段施工图设计时间为 2000 年 12 月至 2002 年 10 月，事故路段的桥隧衔接方式、道路线形、平纵横指标、交通标志及照明设施设置等均符合当时的相关标准规范要求。事发时，桥梁路面与隧道之间没有设置过渡衔接设施。”

事故调查报告上述“白纸黑字”的内容，已经再明白无误地宣布：事故路段和隧道口建设时的各相关专业设计是完全符合当时的标准和规范要求的，道路因素属于事故的间接原因之一，不是导致事故的最主要的因素。也就是说，此前多篇文章对事故路段和隧道口存在设计缺陷的质疑和批评，是无依据且错误的。

① 事故路段外侧是提供给从服务区驶出车辆加速汇流进入高速公路主线的加速车道，并不存在三道变两道的断面突变问题，而且，事故路段外侧加速车道设置位置、长度以及渐变过度等满足标准要求。

② 隧道外侧的端墙只是原来山体的一部分而已，为了排水和山体稳定等需要进行了必要的加固处理，并非有意识设计“高大阔气”的形象工程；其设计包括类似隧道洞门布置形式均是合理、合规的。

③ 隧道内外光线过渡、限速过渡、路面抗滑等方面，也均是符合标准的。

④ 山区高速公路受到地形等条件限制，服务区布置、服务区与隧道等的间距自然不能与平原等地区相比较，报告对服务区布置和间距等的结论也是满足行业标准的。

⑤ 报告载明，在事故发生时，驾驶人处于高度疲劳状态，且现场无任何刹车制动、紧急转向等痕迹。那么，面对驾驶人完全睡着并无意识的驾驶状态，有人质疑道路设计剥夺了驾驶人最该注意的信息的揣测臆断，也就不攻自破了。

⑥关于桥隧衔接处未设置衔接过渡设施，报告认为符合该项目设计时的标准规范。调查报告提出，这一问题与新旧标准规范交替有关，笔者已在《“8.10秦岭隧道事故”调查结果的几点认识》一文中进行了较为详细的说明和讨论。

面对上述事故调查报告的结论，笔者注意到有文章虽然不再认为“合标合规的高危路段比比皆是”，却又换了一个“道路在建成初期是合标、合规、合理的，但并不代表没有风险。”的说法，继续质疑，毫无根据。

8.3 关于标线设计错误问题

调查报告第三部分指出：事故的直接原因，一是驾驶人疲劳驾驶，二是车辆超速；事故的间接原因共列出了五个方面，其中与道路相关的是“事故路段路面视认效果不良”。而造成路面视认效果不良的因素包括三点：一是路侧5个路灯未开启；二是车道分隔标线出现局部磨损；三是车道与加速车道之间的标线宽度不满足标准要求。

这是事故调查组在对事故路段与隧道设计、建设、管理等各方面彻查之后，得出的结论。这里的标线设计错误，并非出现在西汉高速公路建设初期的设计阶段，而是出现在通车多年以后的路面养护过程中。

也就是说，这一处的标线设计错误，并不是网络上多篇文章质疑的道路设计缺陷中的一项。

8.4 专家为何急于研判

交通安全事故属于安全生产事故的一类，尽管各类安全生产事故、每一起交通事故都有其特点和一定的差异，但从安全系统工程的角度，却具有许多共同的规律和特征。

在世界范围内，无论采用何种分析方法，无论在哪个国家以及差异化的交通环境中，道路交通安全事故的特点和致因分析的结论均是：人的因素占比是最大的，其次是车的因素，再下来，才是道路条件等相关因素。对于普通民众而言，或者并不掌握道路交通安全事故的普遍规律，也并不了解在世界范围内交通事故致因的统计分析的一般性结论。但对于任何一名从事道路交通安全研究的专业人士、安全监管的人员而言，这些都是再谙熟不过、常识性的认知。

可事实却是，在“8.10 秦岭隧道事故”发生后，就在事故调查组刚刚开始工作之时，就有安全专家开始了对道路存在设计缺陷的质疑、指责。事故调查组的首要工作是调查事故发生的各方面原因，而在事故调查结论尚未得出时，竟有专家不顾事实、客观规律和专业常识，迫不及待地要指责道路存在缺陷，甚至断言“道路缺陷是最主要的因素”。

8.5 准确认知事故致因及影响是“亡羊补牢”的第一步

而近日，就在事故调查报告发布之后，有媒体报道显然是蓄意混淆视听，竟以“大巴撞秦岭隧道 36 死 13 伤，道路设计果真有问题”这样带有明显误导性的标题，对事故报告进行断章取义的报道和解读，继续误导民众。而当大家抵制和反对这些舆论时，我们有时却会听到这样一种声音：“不同阶段的设计不都是设计吗？”“为什么还要纠结事故直接原因和间接原因？难道比亡羊补牢更有意义吗？”

对于各类安全事故，直接原因与间接原因是完全不同的。首先，从遏制事故、预防事故、提高安全水平角度，即便完全没有安全管理知识的人，都知道抓问题首先要抓关键点和直接原因，对直接和间接因素在制订改进对策和措施时，必然应有所侧重。其次，现在事故调查是要追究责任的，直接原因和主要原因面临的责任和间接原因面临的责任必然是不同的。

客观认识、正确区分事故的直接和间接原因、主要原因和次要原因及其影响，正是从事故中吸取教训、亡羊补牢的第一步。只有客观、准确、科学认识事故的直接、间接原因，才能让复杂交通系统中各环节的人们都更清晰地认知各自的职责、责任，也才能避免在今后的事故预防、安全管理中继续出现“南辕北辙、事倍功半”的效果。

8.6 技术并不能彻底解决安全管理问题

作为一名道路交通行业的专业技术人员，总是会希望通过技术手段、工程设施等去解决现实中的各类问题。于是，有人面对事故感叹：“今天，我们还没有在极其复杂系统的工程中找到一招制胜的方法、拿出强势实效的技术。”事实上，交通事故的防控和监管，仅仅依靠技术和设施恐怕是远远不够的。安全系统工程早已说明，对各类安全事故防控最重要、最直接的“法宝”实际上是管理，尤其是对人和车的管理。

半个月前，一位长期在美国从事道路交通安全研究的学者，分享了他们在德国考察调研的心得。他们发现，有很多在美国明确被认为是不宽容、不安全的交通安全设施及其布置方式等，却仍在德国的公路上被大量地应用。可是，作为美国道路交通安全方面的资深专家们，却不得不承认，德国的道路事故率远远低于美国。这位学者说，尽管我们大家一直在研发新的防止事故的技术和设施，但交通安全最核心的问题是人的教育和管理。

无独有偶，近日，有国内某交管人员分享了对新西兰交通管理及设施应用情况的考察总结即《看新西兰如何直观有效地诠释交通安全内在涵义》，很有学习和借鉴的意义。该作者调研发现，新西兰在道路交通工程设计中，把标线放在了第一位；在新西兰的交通设施中没有护栏，护栏在道路上也很少见到。作为一名交管人员，其在考察总结中写到：“笔者不禁反思，当我们为交通安全设置护栏、安装电子警察而投入大量成本的时候，是不是也应沉下心，将更多的精力投入到驾驶行为的约束和规范中呢？”

笔者想，难道这些不是需要我国交通各部门、专业人员学习更新的知识和理念吗？

8.7 结语

网络上多篇对“8.10秦岭隧道事故”原因的研判，在民众认知中产生的错误影响是深远的，笔者随时搜索，它们都在网络的大数据中。作为负责任的安全专家，面对事故调查报告的结论，如果认识到这些研判是欠妥当的、无依据的，难道不应该首先进行反思，不应该站出来公开消除负面影响吗？在事故调查、追责期间的质疑、指责，显然已经超过了学术交流、观点碰撞的层面了。

目前，事故调查已有结论，反倒是进一步展开学术和研究讨论的时机，各种观点、认识的碰撞和交流，将会有助于从事故中吸取教训、防患于未然，促进主管部门和行业间统一认识，促进相关法律法规以及标准规范的发展完善。

① 事故和道路、设计等并不是完全没有关系，也并没有人简单地把事故的原因归咎给人的因素。列举事故统计数字、国内外调查研究的相关结论，只是在说明，仅仅依据事故数认定是道路问题这缺乏依据，强调研判事故与道路之间的关系、质疑道路是否存在缺陷应通过科学的方法。

② 在学术研究、观点碰撞阶段，可以脱离技术标准和规范，讨论事故道路中一切可能存在的问题，可以对标准规范的发展提出意见和建议。但在事故调查和追责过程中，研判道路与事故的关系、界定设计可能存在的问题，只能依据标准和规范，而不能是某种经验或者理念。因为标准规范才是指导工程设计、建设与管理的法律、法规。当然，还要结合工程建设与管理的客观情况，遵循客观规律。

③ 交通工程和路侧护栏等设施在交通事故中有其积极的作用，国家已经在路侧设施方面投入了很多，也做了很多，而且还在继续。我国交通工程和安全设施等相关标准规范，是发展最快的标准规范之一。但是，不能基于某种难以界定的“无心之失”为对象、以“最高境界”为目标的理念，过分夸大路侧设施的作用，甚至视宽容设计为“灵丹妙药”，认为“只有提升路侧安全设计水平才能避免这样的惨痛事故”。避免偶发性的意外事

故，更不能理想化地认为，仅凭技术和设施就能遏制我国严峻的交通安全形势。

④ 学术探讨和观点碰撞要掌握恰当的时机和环境，在事故调查和追责阶段，以专家名义发表未经证实的质疑和指责的文章，不仅会引导民众，也会间接对事故调查产生消极影响。

对《宽容性道路安全设施设计理论与实践》一文的部分理解和认识

来自“智慧交通”上的一篇文章——《宽容性道路安全设施设计理论与实践》，该文有多处就笔者关于“8.10 秦岭隧道事故”讨论的文章发表了看法，包括《宽容设计是遏制事故的灵丹妙药吗》《何为道路绝对安全性》等。细细研读后，颇有感触，特撰写下文谈谈对文章内容和作者观点的一些看法。

9.1 文中明显存在将宽容设计从“理念”拔高至“理论”的现象

此文中，作者将宽容设计“理念”改称为“理论”。文章标题的关键词是“理论与实践”，但作为“理论”，此文作者却未阐述“宽容设计的定义、对象、适用条件与范围、效果评估”等关键性内容，而是只是着重介绍了宽容设计的“三个原则”。作为一套可以指导工程设计、建设乃至管理的理论体系，甚至作为研判道路缺陷的依据，这些内容是必须回答、必须说清楚、必须界定明白的。

在“实践”方面，此文中主要引述的多个国内外的案例中，很少有作者自己或团队“实践”的案例，缺少这些案例实施前后对基于统计资料等效果的对比和综述。同样的，文章第二部分的标题是“道路因素在事故成因中的构成分析”，但除了大致对比中美事故成因的相关研究结论之外，并没有对中国国内道路事故成因进行深入对比分析的内容和结论。

因此该文不仅存在明显“文不对题”的现象，而且有意识地将宽容设计“理念”拔高到“理论”。对于专业研究人员而言，“理念”与“理论”属于不同层次和性质。

9.2 文中未能准确阐述中国交通事故与道路之间的关系

尽管文章引述了美国相关研究结论，但是总体上未能准确阐述明白中国交通事故与道路之间的关系。作者在文中提到美国有资料显示1/3的交通事故是与道路因素相关的。笔者在前文中曾经提到，国内外在事故致因分析中，若采用多因素分析方法时，会将人、车因素之外的多种因素，归并为“道路环境因素”。其中包括冰雪雨雾等不良的气象条件、道路围挡施工、道路路面坑槽、路侧环境干扰等明确非人车因素之外的内容。无论是中国还是美国，在采用多因素分析方法后，“道路环境因素”的占比会增大很多。但实际上在“道路环境因素”中，真正属于道路缺陷的，占比很低。

9.3 文中对事故死亡统计数据的认识，落后于道路交通行业相关研究

在道路交通行业，早有专家和研究者曾经对我国道路交通事故死亡统计数字表示质疑了。无论是从事故与车辆保有量的发展关系上，还是道路里程的增加比例对比上，或者是世界其他国家的道路安全形势与国

民经济的发展对比上。正是基于这一点，所有道路交通领域与安全相关的研究课题、项目、文章中，极少出现引用我国道路交通事故死亡统计数字的情况。而在国外的相关研究文献中，则会引用较多的交通事故死亡统计数字。对于此文中呼吁将道路交通事故调查统计数据公开，这是道路交通行业研究者完全认同的。这一呼吁，在国内道路交通安全研究领域已有很多年了。

从该文多个方面来看，作者对中国道路交通安全形势、事故致因分析方面的调查、掌握和认识，可能还是滞后于国内道路交通行业相关研究的。

9.4 文中对宽容设施作用与效果的描述已经趋于客观

查阅该文作者早前对秦岭隧道事故进行的新闻发言报道时发现，其曾断言“道路缺陷是造成这起事故的最主要因素”,“只有宽容设计的理念……才能避免这样的惨痛事故”。但在这篇文章中,作者关于秦岭隧道事故致因、宽容设计与设施效果的描述已经趋于客观。“……事故原因可能是人的因素，但是道路设计更加宽容一点，交通事故完全是可以避免的，或者不会死这么多人……”“道路设计时要考虑提供可能减少交通事故发生概率和降低事故发生严重程度的对策……”等。

对比可见，显然作者已经间接承认，宽容设计和设施的作用和效果，只能是“可能”层面的“减少事故发生概率、降低事故危害程度”。

笔者很高兴看到该文作者对宽容设施的作用和效果描述方面趋于严谨、客观的变化。但是，回顾“8.10 秦岭隧道事故”发生后一段时间内，由于媒体上这些武断的言论和观点，误导了多少民众一边倒地批评道路缺陷，甚至指责道路设计乃至道路标准等。如果作者等能秉承其文中提到的科学的态度、负责任的态度，就应该主动公开纠正自己言论造成的不良影响，重新阐述宽容设计与设施的作用与效果，准确说明对于此类由于驾驶人违规操作造成的偶发性意外事故，仅靠宽容设施根本是无能为力、难以防范的。

9.5 文中仍错误地采用宽容设计理念来评判道路及道路设计

前文已经指出宽容设计理念存在逻辑错误，由于宽容设计还只是一种理念，没有明确前述很多关键性的内容，同时，道路设计的依据是标准规范，不是理念，不是事故，因此不应依据宽容设计理念，“直接”地评判道路设计问题。而在这篇文章中作者仍然试图依据宽容设计的理念，来评判“8.10 秦岭隧道事故”的致因和相关责任。

在我国西部省份某条“十大危险路段”之一调研时，道路管理单位以狼和小羊的故事自比：无论所辖路段被责令整改多少次，无论已经按照专家意见设置了多少宽容设施，但是，只要再出现事故，仍然还有人会继续基于宽容设计理念，批评道路在宽容方面做得不够。

9.6 文中对中国公路标准规范的认识是相对落后的，甚至是错误的

该文中，作者以美国某条双车道公路上施划的超车标线为例，批评我国交通规范里面只是简单画一根实线，显然，作者对公路规范的这一认识就是错误的。在我国《公路交通标志和标线设置规范》中，关于黄色虚实线并没有这样的规定。设计人员是需要根据道路的具体视距条件和路侧环境等因素，来设置标线的（图 1 中的左侧案例，就是我国江西省某二级公路上采用的标线实例）。

作者或许在国内较少见到双车道黄色虚实线并行的情况。笔者认为其大致是以下几种情况导致的：第一，设计问题。设计不够细致，对不具备视距条件的路段，不分方向简单归并施划了实线，双向均禁止超车。但并不是“中国规范只允许画条实线的”；第二，尽管道路一侧（一个方向上）视距条件可以满足超车视距条件，但考虑到了路侧环境影响，比如路侧居民出行较多，可能最终双向均会禁止超车；第三，对于图 3 右侧（来自网络上的作者文章）中较大纵坡起伏的双车道公路，尽管下坡方向视距可以

满足超车条件，但考虑到驾驶员可能存在不良的驾驶行为和驾驶习惯，从有利于安全管理的角度出发，下坡方向也可禁止超车。

图 1

作者在对比时，没有考虑到中美两国驾驶人在守法意识、驾驶行为与习惯等方面的差异。在美国，即便是道路标线允许超车，但大多数驾驶人仍然是循道跟车行驶，不超车。但是，在国内，道路施划禁止超车标线时，很多车辆仍违规超车。因此，从有利于安全角度出发，在弯道、纵坡等视线受到限制的路段，双向均施划禁止超车的实线，也是合理、可行的。

另外，笔者了解，包括作者文章中提到的护栏端头设计形式、不同类型护栏相互衔接与过渡等内容，也是我国当前标准规范的既有内容。至于为什么道路上还存在没有完全按照规范来设置的情况呢？这是因为完善是需要时间周期以及费用的。

从文章内容反映出：该文作者对中国公路相关技术标准规范的了解是相对滞后的，对国内部分规范内容的认识，是错误的。

9.7 总体上认同作者提到的路侧设施处理“三原则”

在该文中所提到的美国在路侧设施处理中的“三原则”，笔者表示认同。只是，这些内容在十余年前，国内就已引入、借鉴和学习了。例如，2005年就已出版的《新理念公路设计指南》一书，就已经引入、介绍了美国在路侧净区保障、路侧处理、边沟与边坡处理、构造物与护栏等衔接过渡多方面措施、做法。

但是，就像作者文中认同的原因一样，中国有中国的国情条件，许多地区仍受制于人口、用地、经济等条件，根本无法做到与美国一样的路侧净区条件。根据调查，世界上有许多国家包括日本和欧洲的一些发达国家，同样因为人口多、土地资源紧缺等因素，也无法做到像美国一样的路侧净区。即便是美国国内一些州和城市地区，也同样无法做到。而在我国新疆、青海、内蒙古等地区，也有不少公路两侧已是宽缓的路侧净区了。

9.8 未准确描述美国防撞标准，易继续误导民众

作者在文中有如下内容：“……防撞，美国的标准是什么？就是道路设计如果是100码，以100码速度撞上去还保证人员不会死，这就是防撞检验的唯一标准。”尽管笔者理解该文是速记整理的，但是作为专业人士在公开发言时，建议要尽量用词准确、严谨，对比说明完整，以避免误导民众，尤其是涉及安全方面的话题时。否则，民众可能会误以为，美国的标准就是无论什么车、什么速度、什么角度下发生何种事故或碰撞，设施都会保证驾驶人不会有生命危险的。同时，文中没有对应说明国内标准的情况，再加上全文总体批评国内标准的基调，明显地向民众传递——中国的防撞标准显然是低于美国的。

根据笔者了解，中国护栏设施的试验检验标准与美国的《安全设施评价手册》在设施结构设计原理、方法，在试验检验条件、性能评价标准等方面均是大致相同的。差异在于各自的国情和交通组成条件等方面，例如：

美国的试验车型会考虑皮卡车型，而中国的拖挂车型考虑的是更大的载重量等。但是，在此向读者补充说明，护栏碰撞试验都是在车辆保持一定行驶速度状态下，临时偏离车道，以小角度（15 ~ 25°）碰撞护栏为试验条件的。碰撞时，对驾驶人的损害影响都是以头部等位置所受到的力和加速度等指标来评价的。这一点，美国和中国是大致相同的。

9.9 小结

在该文中，作者是认同本书前文中笔者对我国道路事故致因的统计数字的引用的，即道路因素占比还不到1%。同时，我国情况与国际上研究结论一致，即人、车因素为主，但前文中已指出我国事故致因中，人的违法违章因素占比远远高于美国等国家。因此，基于这一事故特征，笔者做以下说明：

任何时候改善设施均是必要的，有意义的。但现阶段针对我国上述事故特征，改善设施恐怕在一定层面上只能是“查漏补缺”，而对人的违法违章行为、对车的非正常状态的强化管理，才是遏制事故“釜底抽薪”性的，才是最迫切的。

因此，笔者认同作者呼吁国家加大力度资金投入，以在最短的时间内对以往各类道路上的设施按照当前相关标准规范进行改善和升级，查漏补缺。这应该也是各级道路建设与管理单位求之不得的事情。

但是，需要强调：在呼吁重视改善安全设施时，要做深入的调查研究，按照事故致因理论进行科学的分析。

注：本文中，笔者仅针对从网上浏览的作者演讲稿即速记整理稿进行讨论，或有对作者原意理解不准确的地方。

公路采用低指标就意味着降低了安全性吗

（2018 年 5 月 23 日）

在有关部门历年发布的“全国十大危险路段公告”和类似对公路通行条件的描述中，经常会看到“长下坡、急弯路段，行驶视距不良，车辆易失控”“有的是桥隧相接或多弯长下坡组合线形造成车辆易失控”等类似内容。这些带有明确导向性的用词、用语，直接或间接地对公路采用较低指标或低指标组合提出了质疑，尤其是当与交通安全、交通事故关联到一起时，就明确地传递给民众一个错误的结论——公路在设计、建设时，本身的基础条件就不好，好像存在先天性缺陷似的。采用了低限指标或低限指标组合，必然意味着对行车安全性带来了不利的、负面的影响。

那么，为什么公路在设计中会采取较低的几何指标和指标组合呢？采用低限指标与行车安全性到底有什么关系呢？如果低限指标意味着不安全，为什么新建的公路还会采用低指标呢？难道是设计者不上心、不负责任吗？这样的设计成果又是如何通过各级审查的呢？本文从公路几何设计的基本原理出发，试着剖析这些问题，并展开讨论。

10.1 什么是公路几何指标

“公路几何指标”一般是指公路在横断面布置上各部分的宽度值（图1），包括车道宽度、路肩宽度等。还有公路在弯道处所采用的圆曲线的半径值，在上下坡路段采用的纵坡坡度和纵坡长度（值），以及在弯道处与圆曲线对应设置的局部超高与加宽等。同时，还有平、纵、横等单项指标组合后会影响到的行车视距（值）。

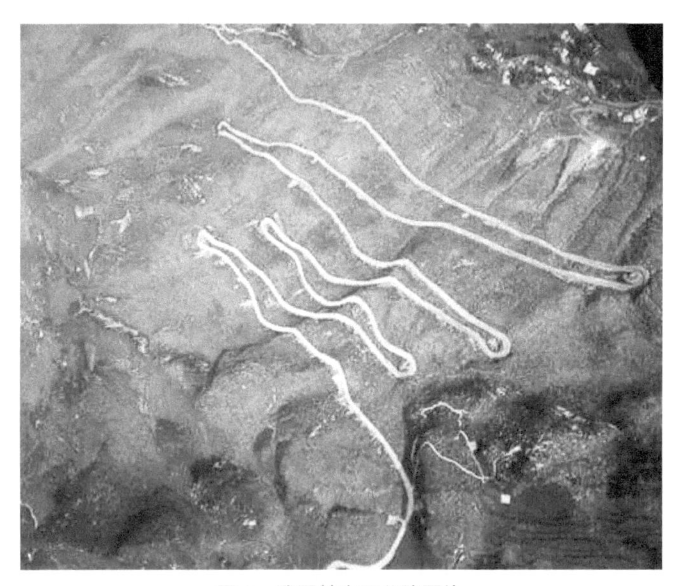

图1　我国某山区公路照片

在我国公路行业技术标准、规范中，根据公路功能、技术分级、设计速度等差异和变化，对各类、各级公路应采用的几何指标有明确的规定和要求。这些对公路几何指标的具体规定和要求，总体上是以保证行车安全为前提条件，从充分发挥公路交通、服务等功能出发，同时结合不同自然环境和综合建设条件，在既往公路建设管理经验和国内外项目科研实践的基础上论证确定的。

具体而言，在公路技术标准和设计规范中，对上述各项几何指标结合不同情况，不仅给出了几何指标采用的原则、条件和要点，还同时给出了几何指标可供使用的具体数值。根据每个（种）几何指标的特点，标准和规范中的规定是不完全相同的。例如，对于圆曲线最小半径，根据是否受到特殊条件限制，不仅规定了最小值（极限值），而且给出了一般值；对于停车视距，只明确规定了最小值；对于纵坡，不仅规定最大纵坡坡度，而且还规定了在多个纵坡路段组合的单一最大坡度与坡长等。

但值得注意的是，不论是标准规范规定的极限值，还是一般值，在理解和使用上所有专业人员都需掌握，公路几何指标中的“极限值”或“低限值”是可以采用的。采用极限值是合乎规范要求的。当采用低于（或超过）极限值的指标时，才是不被允许的，属于违规情况。

10.2 采用低指标并不会直接影响行车安全性

多数情况下，很多人对公路采用低限几何指标的质疑，主要集中在公路穿山越岭路段时所谓的“急弯、陡坡、连续纵坡、视距不良”等路段。而这些情况反映在公路几何设计中（图 2），主要与圆曲线最小半径、最大纵坡坡度、单一纵坡最大长度、竖曲线最小半径、停车视距等几何指

图 2　我国某山区公路照片

标的采用值相关。在地形起伏大、路线展线困难或者受地质灾害、沿线各类控制点或敏感点影响时，路线局部可能会在论证的基础上采用上述几何指标的低限值。采用几何指标的低限值，不会直接对行车安全造成不利影响。

以下通过逐一追溯、解读上述涉及的每一个几何指标或组合确定的依据和来源，以阐述采用低限指标可能对行车安全性的影响。

（1）圆曲线最小半径确定的依据

公路几何指标中的圆曲线最小半径指标，是从车辆弯道行驶时的运动学角度提出的，具体依据是按照车辆在弯道上行驶时的运动方程，以保持车辆弯道运动的稳定和舒适性为前提，采用不同的横向力系数确定的。国内外试验研究标明，一般情况下，车辆在弯道上行驶时，从司乘人员感受和车辆弯道行驶稳定角度试验研究确定的极限横向力摩阻力系统均在 0.30 以上。而我国公路标准规范中，圆曲线最小半径“一般值”确定时的横向力系数为 0.06（此时，车辆运行非常平稳，司乘人员舒适性良好，不会感觉到弯道离心力存在）；圆曲线最小半径“极限值”确定时，横向力系数取用 0.15 左右（此时，驾驶人能够感觉到弯道的存在，但是车辆仍然处于平稳的状态）。因此，即便是圆曲线最小半径采用极限值时，车辆按照（或低于）设计速度通行时，其运动状态是安全的，不会存在失稳、倾覆等情况。与采用“一般值”或“更大值”等比较，采用“极限值”直接影响的主要是驾乘人员的舒适性，而不是车辆通行的安全性。

（2）纵坡指标确定的依据

最大纵坡和（单一纵坡的）最大坡长指标确定的依据，主要是载重汽车在不同纵坡上的爬坡能力和爬坡速度。尽管载重汽车的最大爬坡坡度可以达到接近 30°，但是此时车辆爬坡的速度却是非常低的，可能只有 5~15km/h。在公路设计中，为了保证公路具有一定的通行能力和服务水平，在纵坡和坡长设计时，均是以车辆上坡时的行驶速度不低于特定的最低容许速度为前提的。例如，对于 100km/h 的高速公路而言，其最大纵坡和最大坡长指标，就是以载重汽车连续上坡、并保持速度不低于最低容许速度

（50km/h）为前提的。所以，即便是坡度和坡长采用了低限值，即便出现连续纵坡组合等情况时，其直接影响的并不是行车的安全性，而是上坡路段的通行效率。

（3）视距指标确定的依据

公路视距分为停车视距、超车视距和会车视距等几种，分别适用于不同的条件。其中停车视距是超车视距、会车视距确定的基础和依据。而停车视距通俗地解释，就是车辆在正常速度行驶过程中发现路面上障碍物后，从驾驶人识别、到采取刹车制动措施、安全停车的最短距离。如果仔细探究停车视距确定的依据，就会发现，这里兼顾到了不同驾驶人发现障碍物做出识别反应的时间差异，也考虑到了不同路面条件、不同车辆制动性能等的差异影响。也就是说，即便是路段的视距指标采用了视距的最小值（即刚刚满足视距指标要求），车辆在这一路段通行时，如果遇到障碍物也完全能够从容停车或绕避的。

当公路在地形复杂路段采用多项较低的指标组合时，即所谓的弯道与纵坡组合的路段、“急弯陡坡”路段，驾驶人的视线可能会受到弯道、道路设施或者路侧边坡、山体等的遮挡影响，确实可能会影响到该路段的视距条件。正是考虑到这些情况，在公路标准规范中，才明确要求在路线设计、交通安全性评价中，要对视距进行分析检验，确保视距达到对应设计速度的要求。如果存在“视距不良”，即视距不能满足设计速度对应的视距要求时，应采取加宽公路、开挖路侧视距台、调整道路设施等多种方式进行改善。

（4）公路设计满足标准规范并不只是单一指标

有人认为公路标准规范只对圆曲线最小半径、最大纵坡、最小/最大坡长等各项单一指标有明确的要求，并未考虑到当多种指标组合应用时的复杂情况，因此，“在多个指标叠加效应下整体安全性受限……”这种看似在理的说法，实际上是完全偏颇的，或者属于个人臆断性质吧。在公路标准规范中，对各单项技术指标有明确要求的同时，还充分考虑到了多种指标尤其是低限指标组合应用时的各种情况。

例如，前文提到的视距指标，就是从行车安全角度出发，多种指标组合后的一个公路路线安全性设计的重要指标。在《公路路线设计规范》中，单独开辟有“线形设计”一个章节，专门针对公路平、纵、横组合、路基与桥梁、桥梁与隧道、路线与交叉等各种可能出现的组合情况做出了具体的规定和要求。自2006版开始，该规范还在我国十余年调查研究的基础上，新增了对公路运行速度检验评价的要求。而运行速度评价是从驾驶员安全行车角度，对公路线形设计、各种指标组合情况下的一种更系统的检查与检验。图3为我国某山区公路照片。

图3 我国某山区公路照片

10.3 对公路几何指标高低的误解

（1）公路几何指标的高低，与等级和设计速度密切相关

经常听到有人谈论公路几何指标高低的问题时，往往都会忽略一个关键因素，那就是速度。很多专家人士并没有掌握，所谓公路几何指标的高与低，均是与设计速度一一对应的。表1和表2是我国公路技术标准中对车道宽度、圆曲线最小半径、最大纵坡、单一纵坡最大坡长、停车视距等的规定。

表 1　圆曲线最小半径

设计速度（km/h）		120	100	80	60	40	30	20
最大超高	10%	570	360	220	115	—	—	—
	8%	650	400	250	125	60	30	15
	6%	710	440	270	135	60	35	15
	4%	810	500	300	150	65	40	20
不设超高最小半径（m）	路拱≤ 2.0%	5500	4000	2500	1500	600	350	150
	路拱 > 2.0%	7500	5250	3350	1900	800	450	200

注：“—”为不考虑采用最大超高的情况。

表 2　高速公路、一级公路停车视距

设计速度（km/h）	120	100	80	60
停车视距（m）	210	160	110	75

从上述指标规定中可看到，几乎所有公路几何指标规定均是与设计速度一一对应、相互匹配的，即设计速度不同，对应的几何指标是不同的。因此，在讨论某条公路、某一公路路段的几何指标的高低时，首先必须明确掌握该项目或路段的设计速度是高还是低。很多时候，人们根据个人对公路条件判断的低限指标，并不属于低限指标。对于山区低等级公路，由于项目采用的设计速度较低，自然就应该（或适合）采用较低的几何指标。对于设计速度为 80km/h 时采用的低限指标，对于设计速度为 60km/h 的公路而言，则就是高指标了。

（2）公路几何指标取用的依据

根据我国《公路工程技术标准》和《公路路线设计规范》的规定，公路项目或路段的设计速度，是根据公路项目拟采用的技术等级和地形地貌条件确定的。而公路的技术等级，则又是根据国家和各级公路网规划、公路功能等确定的。概括而言，就是公路功能定位越高（如：主要干线公路）、设计交通量越大、沿线地形条件越是平缓，公路项目选用的技术等级就越高、设计速度也就越高；反之，公路功能定位越低（如：次要集散公路或支线公路）、交通量越小、沿线地形条件越是起伏，技术等级就越低、设计速度选用就越低。

另外，上述公路标准、技术等级、设计速度、几何指标采用的一般性原则，包括几何指标与设计速度的对应匹配关系，在世界范围内均是大致相同的。因为，公路项目作为为社会大众提供服务的基础设施，不仅要考虑公路对土地、资源、能源等占用、利用的集约化，而且还必须兼顾社会综合效益的最大化。

10.4 公路为什么采用低指标

（1）采用低指标是公路综合建设条件决定的

既然采用较高的几何指标行车舒适性更好，那么，各级公路在路线选线、定线、路线优化设计中，为什么还会出现采用较低指标的情况呢?

这是因为，在公路选线、路线设计中，设计人员必须兼顾多方面的影响或制约因素。除了考虑工程合理规模和节约工程造价之外，往往还会受到沿线地形、地质、环保等多方面的因素制约。例如，要避免高填深挖等现象，要最大限度减少对村镇、学校等的拆迁数量，要绕避重大的地质灾害位置，要绕避重要的文物古迹，要减少对耕地农田的占用，要绕避重要水资源、湿地等环境敏感点，甚至从桥隧结构物施工和安全角度，要最大限度为桥隧等选择相对稳定的地质条件等。

因此，在各级公路总体设计中，设计人员往往需要对选用不同几何指标、不同工程规模与造价、不同环境影响的、多个可能的路线方案进行多层次比选和论证，分析对比各方案的优缺点和相关影响。最终，按照我国公路项目建设程序，路线方案必须经由公路建设主管部门、业主、设计单位、咨询单位，还有各层面专家等进行综合评审、论证。

（2）采用低限指标并非设计单位或相关人员不作为

作为一名曾参加路线几何设计的人员，笔者知道：在地形复杂路段公路项目选用高指标方案还是选用低指标方案，对于具体路线设计的专业技术人员来说，往往选用低指标方案时，从选线到不断优化的工作量更大，方案反复优化的周期可能更长。因此，有人因公路采用了低指标，就质疑工程设计人员偷懒或设计上不上心、责任心不强等说法是完全站不住脚的，更与其专业设计水平无关。

（3）应避免一味采用高指标的倾向

可是，是不是全部采用高指标就更好呢？对此，国内和国外的认识是一致的。在历次《公路工程技术标准》《公路路线设计规范》等宣贯中，以及在很多公路勘察设计技术与实践经验交流活动中，取得的共识是：应避免在路线设计中一味采用高指标的现象。为了避免公路设计一味采用高指标等问题，美国联邦公路局（AASHTO）在《道路几何设计手册》（相当于美国的“道路几何设计规范”）的基础上，还专门编制了一本《道路灵活性设计指南》，提倡因地制宜、灵活设计、灵活选用技术指标。

因为在既定的公路等级和设计速度下，一味采用较高的几何指标，必然会造成对沿线地形切割严重、高填深挖等后果，进而引起桥隧构造物规模增大，工程造价显著增加。同时，一味采用高指标，还会引起公路运行速度大范围高于设计速度（设计一致性差）、路线设计不能适应沿线地形变化（线形设计协调性差）等现象，也不利于行车安全。

10.5 应客观描述公路路域环境和通行条件

本文一开始提到的“全国十大危险路段公告”等对公路路域环境和综合交通条件的描述，其出发点应该是希望提醒和警示广大驾驶人，这些山区路段路况复杂，曾经发生过很多交通事故，因此在这些路段要谨慎驾驶等。

但“公告”中的文字描述，不仅认为公路通行条件存在问题（甚至不符合标准设计要求），而且直接定性了事故（车辆失控）与公路条件的因果关系。例如“有的是桥隧相接或多弯长下坡组合线形造成车辆易失控”，就直接定性是桥隧相连或多弯长下坡组合线形造成车辆易失控的。还有，对于稍有公路专业知识和背景的人士而言，“视距不良”代表该路段视距不能满足设计规范要求。

10.6 结语

通过以上对公路设计原理、几何指标确定依据、采用低限指标与行车安全性关系、公路指标采用条件等的论述和讨论，可得到以下结论：

① 公路几何指标的采用，与公路项目技术等级、设计速度等密切相关。设计速度不同，其对应几何指标采用区间是不同的。在讨论公路某一路段几何指标的高低时，必须对照其技术等级、设计速度，还必须考虑该路段的交通管控措施。任何脱离技术等级、设计速度对公路几何指标高低的讨论、批评，均是缺乏依据、毫无意义的。

② 公路采用低限指标或低限指标组合，并不意味着会直接降低公路行车安全性，因为低限指标确定时仍然是以保证行车安全为前提的。而公路采用低指标，是公路项目沿线地形、地质、环保、用地等综合条件所决定的，并非是公路设计单位和相关人员不作为、设计不完美的表现。

③ 相关部门事故调查报告、事故多发路段预警警示、道路安全排查等公开文件中，对公路路域环境和通行条件等进行描述时，应规范用词用语，或采用专业名词术语，避免采用错误或者带有主观引导性的用词用语，避免诱导民众产生对公路几何指标、公路设计与建设等不客观、不准确的认识，甚至是误解。

长大纵坡安全与车路协同矛盾探究

什么是长大纵坡

（2016 年 12 月）

近年来，我国高速公路建设取得了举世瞩目的成就，但一段时间以来山区高速公路长大纵坡路段安全问题较为突出，受到行业内外乃至全社会的高度关注。有媒体甚至曾以“死亡高速公路”“魔鬼高速公路”等为标题，对长大纵坡安全问题进行过报道，而在交通行业内，关于长大纵坡安全性的讨论与争论也长期存在。那么，到底什么是长大纵坡？长大纵坡的事故具有什么特征？长大纵坡路段交通安全问题的根结在哪里？是公路设计问题？驾驶人操作问题？还是车辆问题呢？如何有效应对并遏制此类事故？本文根据多个相关课题的调查研究工作，用客观翔实的调查数据、科学严谨的科研成果，向行业内外揭示“车不适应路”这一客观现实矛盾的症结所在，同时从“车路协同”角度，对我国大型货车生产制造、运输管理，对高速公路安全运营与管理等提出有效对策和建议措施。

11.1 何为长大纵坡

“长大纵坡”一词是在我国高速公路建设大面积进入西部典型山区之后出现的。为了克服大自然的各类天然屏障，崇山峻岭地区的高速公路必须穿山越岭、跨沟跃壑，必然导致其纵坡条件相对平原地区更大、更长了。如图1、图2。同时，长大纵坡是公路为克服自然高差在一定路段上的纵坡积累，一般是采用连续坡长和平均纵坡坡度等指标描述。

图1

图2

可到底有多大、多长才算是长大纵坡呢？一直以来并不存在一个明确的说法。所谓长大纵坡存在于一些高速公路项目中，情况则各有不同。有的项目把连续2 ~ 3公里的平均约3% ~ 4%左右的连续纵坡情况称为长大纵坡。有的项目长大纵坡的连续坡长达到10 ~ 50公里（平均坡度约在

2.5% ~ 3%）。另外，由于长大纵坡往往是由多个不同坡度与坡长的纵坡组合形成的，因此，在局部路段必然可能存在一处或多处大于平均坡度的单一纵坡情况，有的局部路段的纵坡可能会达到5%或6%。

在公路技术标准层面，世界范围内均没有关于长大纵坡的相关定义。在我国公路技术标准中，有“最大纵坡”，即单一纵坡时的最大坡度的规定；有“单一纵坡最大坡长”，即采用某一纵坡时不应超过的最大坡长；对低等级公路项目，有“平均纵坡”等限制性规定，即一定里程范围内，公路所克服高差与里程长度之间的比值。我国公路技术标准对高速公路最大纵坡坡度和单一坡度最大坡长等指标的规定参见表1、表2。

概括起来，“长大纵坡”一词并不属于公路交通专业领域的一个专有名词或术语，只是大家对公路上不同程度的连续性纵坡路段或情况的一种习惯性叫法。而最新发布的从2018年开始执行的《公路路线设计规范》中提出的连续长、陡下坡的平均坡度与坡长指标，可在一定角度上理解为长大纵坡的界定性指标，但有明确的适用条件和范围。

11.2 只有中国存在长大纵坡现象吗

长大纵坡现象不是在我国才出现的情况，世界上各国不同地区均存在不同程度的长大纵坡情况。目前在国内出现的所谓的长大纵坡项目或案例，在世界范围内均可以找到更长或者更陡的案例情况。还有，公路上存在长大纵坡现象，也并不是近些年才出现的，也并不是高速公路所独有的。无论是从平均坡度，还是连续坡长的哪个指标去衡量，在我国各地翻山越岭的二、三、四级公路上，长大纵坡情况更为普遍。如图3~图5。

可为何高速公路上的长大纵坡安全问题非常突出，这与高速公路通行的交通量、通行能力、车型组成、行驶速度等诸多因素有密切的关系。毕竟高速公路的交通量与低等级公路不在同一个数量级，而最关键的是，高速公路上连续纵坡路段发生事故较多的大型货车车型，较少通行在三、四级公路上，三、四级公路的通行条件也不能完全满足这类车型通行的条件，因此，实际通行在山岭区低等级公路上的大型货车的比例和数量很小。本文将主要聚焦高速公路上的长大纵坡与安全问题，不再对低等级公路的情况进行过多说明。

图 3

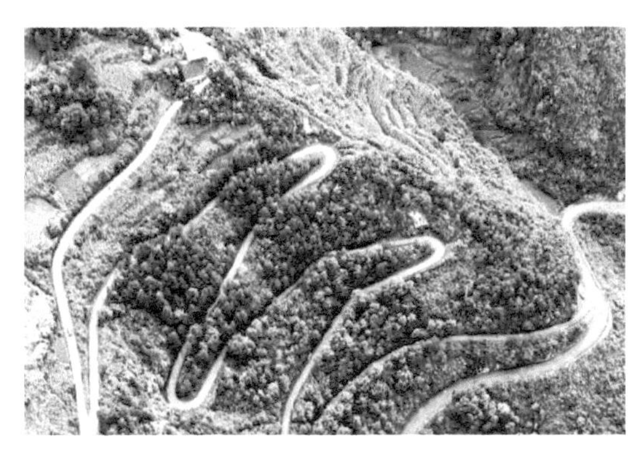

图 4

图 5

11.3 中国纵坡比国外更长吗

根据相关研究中对世界多国公路标准、规范和几何指标的对比分析发现，我国高速公路几何设计标准与指标（包括纵坡设计控制性指标）与世界各国是基本一致的，无论是与设计速度对应的公路最大纵坡指标，还是适用于上坡路段的最大坡长限制指标等。

表 1 是美国、日本、法国、澳大利亚等国家公路技术标准中，对最大纵坡坡度指标的规定。其中列出了美国乡村干线公路中的丘陵和山区两种地形条件下的最大纵坡指标。在指标采用方面，各国在表中最大纵坡限制指标的基础上，均允许根据实际地形等条件，适当增大纵坡坡度。我国公路标准明确规定：在地形条件等特殊复杂路段，最大纵坡可适当增大（但不超过）1%。日本由于总体处于多山地区，在实际公路建设中允许在表中最大纵坡的基础上增大 2% ~ 3%。在欧洲法国的标准中，还允许在表中括号内最大纵坡的基础上，再论证增加 1%。与其他国家同一设计速度比较，澳大利亚标准中对最大纵坡的规定最为宽泛，即最大纵坡指标可变化幅度最大。具体分类对比可见，在同一设计速度和地形条件下，我国公路标准规定的最大纵坡值总体是小于美国、日本和澳大利亚的。

表 1　世界多国公路标准最大纵坡指标对比表（%）

设计速度（km/h）	120	100	80	60
中国	3	4	5	6
美国（丘陵）	4	4	5	6
美国（山区）	5	6	7	8
日本	2	3	4	5
法国（特殊情况）	4（5）	5（6）	6（6）	/
澳大利亚	4 ~ 6	4 ~ 6	5 ~ 7	7 ~ 9

最大坡长指标即单一纵坡坡度对应的最大坡长指标，是与长大纵坡设计密切相关的另一个指标。表 2 是我国公路标准中对单一纵坡坡度最大坡长的规定。图 6 是美国 AASHTO 道路几何设计指南中公路纵坡坡度、坡长

与速度折减之间的关系图。尽管表达方式有所不同（相比于查图的方式，表格方式更便于设计应用），但是美国等国家最大坡长指标确定的原则和要求与我国相同，即以货车代表车型（性能总体不低于 8.3kW/t）为对象，以其在连续上坡时的行驶速度不低于最低容许速度（50 ~ 60km/h，接近于设计速度或平均速度的 1/2）为最大坡长的确定条件。换言之，以美国为代表的世界各国公路最大坡长、最大纵坡等指标，均是以功率重量比 8.3 kW/t 作为公路纵坡设计车型的最低限制和要求的，而且，这一要求是获得美国汽车制造和运输等相关行业共同认可的。

表 2　我国高速公路不同纵坡的最大坡长（即单一纵坡的最大坡长）

纵坡坡度（%）	设计速度（km/h）			
	120	100	80	60
3	900	1000	1100	1200
4	700	800	900	1000
5	/	600	700	800
6	/	/	500	600

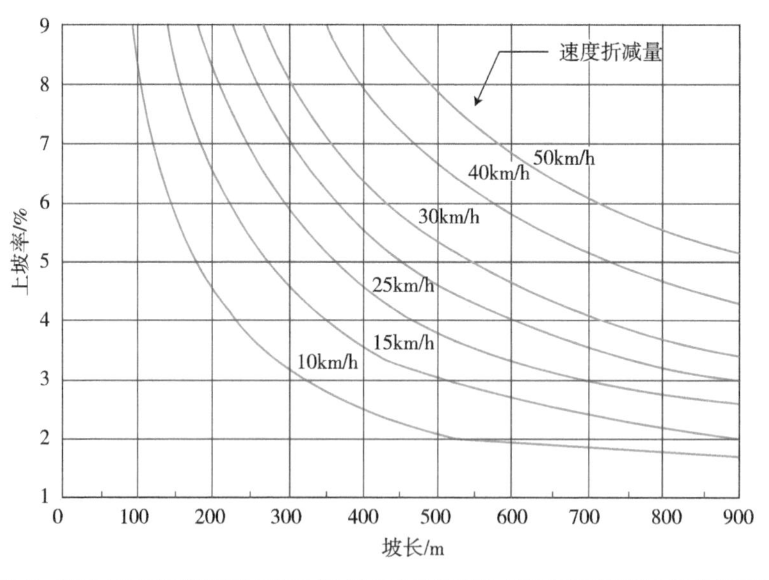

图 6　美国 AASHTO《道路几何设计指南》关于纵坡坡度、坡长和速度折减之间的关系图

我国《公路工程技术标准》及《公路路线设计规范》在历次修订中，最大纵坡（坡度）、最大坡长、缓和坡度等指标，均是依据当时我国公路运输的代表性车型提出，并实际控制设计的。在1997年和2003年左右开展的公路货运车型调查中，根据统计分析，当时公路载重汽车的功率重量比分别是8.3kW/t和9.3kW/t（将在后面章节就我国货运车型发展变化做进一步细化说明）。

需要补充说明的是，对比各国公路技术标准或规范，当地形起伏过大时，上述最大坡长指标均是可以被超过（突破）的。但当最大坡长指标超过上述规定时，需要在正常的车道之外，另外增加一条车道——爬坡车道，专门提供给货车或大型车辆慢速爬坡使用。这样可以有效减少在连续上坡路段，大型车辆速度过慢对主行车道上其他交通状况产生的不利影响，提高主线的通行效率。

通过以上对比分析，我国高速公路纵坡标准和指标与美国、日本等国家是基本一致的，而且，结合我国高速公路建设程序和技术标准规范的采用与执行情况，我国在技术标准、规范的执行上更为严格，不存在欧洲等国家允许的“特例项目”（即允许“特例项目”经过论证，指标可超过标准规定）。我国高速公路项目几乎不存在几何指标超出行业标准、规范的现象，因此，综合对比可以得出：我国高速公路纵坡指标与世界各国比较，更偏于平缓，偏于安全。

11.4 长大纵坡事故具有哪些特征，事故致因是什么

在《公路工程技术标准》和《公路路线设计规范》等行业技术标准规范修订过程中，相关研究单位对陕西、四川、福建、云南、湖北、青海等省全国十余条典型的山区高速公路长大纵坡路段的几何条件和事故特征进行了深入调查。调查发现，发生在长大纵坡路段上坡方向的事故较少，事故危害程度也较小，且事故车辆也不集中在大型货车车型。事故的形态主要表现为因大型货车上坡速度过慢而导致的不同车道、不同

速度车辆间的横向剐蹭、后车追尾、后车超车过程中剐蹭中央分隔带或路侧护栏等。

长大纵坡事故一般主要集中在下坡方向。事故的直接原因则主要在于车辆超速、超载、违法改装，以及驾驶人违规操作或操作不当等，导致车辆制动系统失效，车辆失控。长大纵坡路段大型货车制动失效、失控后的事故形态主要表现为追尾前车、剐蹭其他车辆、撞击路侧护栏或路侧边坡山体等固定物、撞击或越过中央分隔带护栏、侧翻、冲入避险车道等。

图7是我国云南省某山区高速公路长大纵坡路段事故形态分类统计图。根据调查获取的资料，该项目连续5年（2012年之前）累计发生各类事故718起，死亡101人，受伤257人。其中由大型货车失控直接或间接导致的事故数占事故总数的78%，且主要发生在连续纵坡的下坡路段。

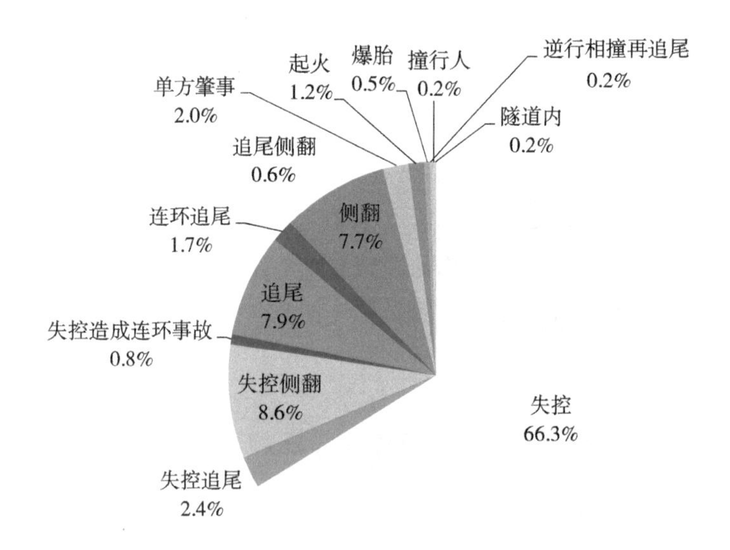

图7　云南省某山区高速公路长大纵坡路段事故形态分类统计图

图 8 云南省某山区高速公路长大纵坡路段事故认定原因分类统计图表明，长大纵坡事故的直接和主要原因在于车辆违法（超速、超载、改装等）行驶和驾驶人违规违章操作等方面，而且很多时候是车辆因素与驾驶人因素共同耦合作用的结果。单就驾驶人的违规违章操作而言，主要表现在未按照规定使用辅助制动系统（包括发动机辅助制动，即排档制动和排气辅助制动系统等），未合理保持较低的连续下坡速度。由于大型货车均采用毂式制动装置，当驾驶人连续、频繁使用主行车制动器（即刹车板）后，导致车辆刹车毂因摩擦而温度过高，进而失去制动功能，并最终导致制动力失效、车辆失控（关于大型货车连续下坡为什么不能依靠刹车板制动，将在后续做专门的介绍说明）。

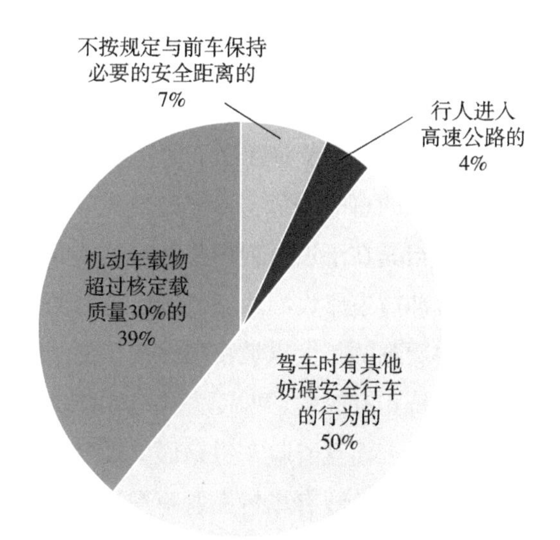

图 8　云南省某山区高速公路长大纵坡路段事故认定原因分类统计图

需要突出说明的是，此类事故的直接原因除了上述驾驶人未按照规定使用辅助制动系统外，驾驶人严重违章操作的现象也较多，较为常见的是驾驶人采用空挡溜坡、下坡，而这种驾驶操作在货车驾驶规范中是被严格禁止的。可能有人还记得中央电视台《今日说法》栏目曾经报道的“109 条生命的死亡高速公路”（关于福建省厦漳高速公路长大纵坡下坡路段安全问题）。在该报道中，一名驾驶人因为空挡溜坡在福建省厦漳高速公路一处连续纵坡路段发生了事故，躺在病床上接受采访时他呼吁，驾驶人不应存在侥幸心理，必须合法驾驶操作。可就在节目播出后，该名驾驶人却在同一路段又一次因为空挡溜坡导致车辆失控而丧失了性命。

上述关于长大纵坡路段事故致因的描述，均来自对应事故调查或责任认定的结论，并非个人认识。那么，货车驾驶人为什么会违章空挡溜坡，或不按要求正确使用辅助制动系统呢？经调查了解其原因是多方面的，主要有：有的驾驶人误认为使用发动机排档制动时会对发动机造成损害从而引起车辆故障或降低使用年限、采用排气辅助制动方式下坡时不能以较高的期望速度下坡（排气辅助制动系统往往只能在车辆保持较低速度时发挥效力），还有驾驶人认为空挡溜坡更为省油、对长大纵坡的路况条件不熟悉、存在侥幸心理等。

相对于高速公路一般路段的交通事故，发生在长大纵坡下坡方向的货车制动失效、失控而导致的事故的危害明显是更大、更严重的。其原因在于大型货车总重量大，当其在下坡过程中失控后，受到重力势能的作用会不断加速，导致其末端冲撞道路设施或路侧固定物时的动能大到不可想象的地步。在各类报道中看到的长大纵坡事故多属于此类事故，事故中车毁人亡的现象真是屡见不鲜。有时候，即便失控车辆能够驶入避险车道，尽管避险车道一般采用反坡，而且避险车道路面上设置有巨大缓冲阻力的软弱砂石等措施，仍然难以避免地有车辆在避险车道内发生严重的事故，有的甚至冲出避险车道末端的混凝土拦挡设施。

11.5 长大纵坡符合标准吗、安全吗

前文述及，长大纵坡现象是高速公路在克服地形巨大起伏变化时必然存在的，有时受到地形、地质等条件影响是无法避免的。我国已经在各类跨越高山峡谷、大江大河的特殊复杂条件下的高速公路上，采用了超长隧

道、超长超大跨径桥梁等工程方案，有的项目桥隧总长甚至占到总里程的90%。采用这样的建设方案不仅是公路穿越的山体、跨越沟河等地形条件的需要，同时更为核心的是在降低高速公路整体的纵坡条件，最终使高速公路的纵坡条件更为平缓。那么，现有的高速公路上存在的长大纵坡路段的设计、几何指标等是否符合技术标准和规范要求呢？能满足安全通行的要求吗？对此，笔者的回答是肯定的。

无论各类项目中所谓的长大纵坡的具体平均坡度、连续坡长如何，但这些项目在具体的指标和综合指标上，均满足行业技术标准和规范等的指标和要求。一方面是基于对我国高速公路建设程序的了解，因为不满足技术标准和规范的项目方案和设计，必然是无法通过从部委到地方各级、各层次审查、审批的；另一方面，从设计、建设到审查、审批的各个单位和相关专业人员的角度而言，没有人可能会在这一可能影响安全的问题上，去冒险给不合标的设计开绿灯的。关于符合技术标准规范，是否就意味着满足安全要求了呢？笔者在《何为道路绝对安全性》一文中已有阐述，这里不再累述。

根据相关调查，我国近年设计建设的高速公路项目，受到对长大纵坡安全性的争论和影响，出现了另一种现象：部分高速公路建设项目纵坡设计，远远低于技术标准对纵坡的限制和要求，甚至有无限制趋缓的现象。有高速公路在连续下坡方向，竟然几十公里采用2.0% ~ 2.5%以下的平均纵坡，这完全与一般平原地区的高速公路纵坡条件相同。这一现象已经受到了行业管理和技术标准研究和编制单位的高度关注。因为采用这样无限制的纵坡趋缓的方案，必然引起高速公路建设里程、造价、工程规模的显著增加，而且还会引起高速公路长期运营、车辆通行成本的增加。根据测算，高速公路平均纵坡每降低1%，单单其建设里程就要增加约25% ~ 40%，甚至更多。

补充说明：上面笔者提到的“符合标准规范”，是指符合我国公路建设中执行的一整套的标准规范体系，而不是特指某一部标准或规范；同时，符合标准规范不仅仅是指主要几何指标方面，还包括沿线设施、交通工程、路段速度控制与管理等各个方面，因为长大纵坡设计方案本身就包括了与之紧密配套的交通组织与速度管控措施等内容。

11.6 长大纵坡设计合理吗

对于长大纵坡设计的合理性问题，有人说：标准的指标是固化的，每个项目的地形、地质等建设条件均是不同的，还有设计人员的能力、水平和经验也可能存在差异……怎么保证每一条高速公路长大纵坡方案设计都是合理的呢？对于长大纵坡设计方案的合理性，笔者想谈以下几点认识：

第一，按照我国高速公路建设与管理的程序和要求，关于长大纵坡路段的设计、方案比选、优化、安全评价等，早就已经是高速公路设计、审查、评审等各个环节的重点。即便是具体设计人员缺乏经验，但经过从项目预可行性研究、工程可行性研究、初步设计、技术设计，到最终施工图设计等整个流程 N 多次的方案论证、比选、优化、审查、评审、验收等过程，其设计方案最终应是合理的，或者说是“总体上相对合理的”。毕竟，对于合理性，没有严格的定义，更多时候取决于个人的经验和专业认识。

第二，长大纵坡设计的“合理性”与“安全性”是两个截然不同性质的问题，不能相提并论，更不能混淆。对工程设计而言，安全性的要求是刚性的，具体表现在对相关标准规范中强制性条文、低限指标以及相关设计要点和原则的执行方面。在公路行业的每一本技术标准和规范中，都以鲜明的用词界定清楚了哪些指标是强制性的，是不容许突破或降低的；哪些指标是可以灵活掌握与运用的。在我国各地高速公路设计中，满足强制性条文、满足安全性低限指标等要求，是必须遵守的。

而工程设计的合理性，则体现在工程规模和造价的高或低方面，体现在工程建设的难易程度方面，体现在工程相关功能的发挥程度等方面，甚至体现在道路后期维养的难易或便捷性等方面。对于具体项目长大纵坡设计方案的合理性的认识，更多时候是仁者见仁，智者见智。无论长大纵坡采用了上陡下缓，抑或上缓下陡的方案，无论其工程造价高或低……最终能够通过各级审查、满足现行标准规范体系的方案，则其安全性是完全可以达到安全通行的条件的。因此，应避免把对某一工程方案合理性的认识，直接或间接地与工程方案的安全性关联。

注：

1. 在本文中，笔者主要通过引用调查研究的数据和结论，力求对涉及长大纵坡安全的相关现状和问题进行客观描述和分析讨论。

2. 豁免说明：本文中引用数据以及笔者的认识和结论，仅用于相关问题研究，不（能）得作为评价道路与车辆安全性、事故责任界定等的依据。

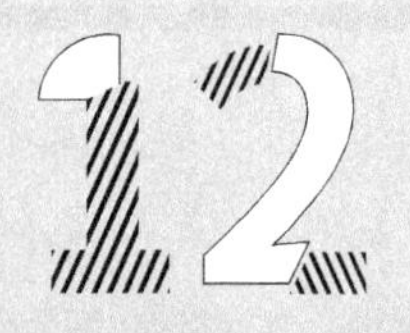

长大纵坡安全与车路协同矛盾探究

车路协同矛盾的症结在哪里

（2016 年 12 月）

在介绍前面对关于长大纵坡及其安全性问题等基本情况的基础上，本章节将重点结合我国公路技术标准规范支撑研究、相关长大纵坡安全科研成果等，对我国当前存在的“车不适应路、车路协同矛盾”现象进行重点阐述。

12.1 货车车型大型化趋势异常显著

高速公路——按照国际上相对统一的定义，是专供汽车分方向（即对向分隔）、分车道通行、完全控制出入的多车道公路。尽管世界各国对公路等级划分方式不同，但高速公路相对于其他等级和类型的公路而言，其功能主要在于为汽车通行提供长距离、大运量、快速通行的通道。基于公路是服务于人、车交通系统的、高速公路是专供汽车通行等原因，我国公路技术标准规范在每次的修编过程中，均对应开展了对公路通行交通量、车型比例、车辆性能等现状、发展变化以及发展趋势等的调查和研究。

（1）公路标准规范持续开展调查研究

我国新版《公路工程技术标准》《公路路线设计规范》等在（2013 年左右）修编、修订时，同时也开展了对我国高速公路交通量、车型组成、货运车型以及对我国货车车型和世界范围内货运车型等的专题调查研究。通过这些调查，研究者们发现：

近十年来，我国高速公路货运车型在不知不觉中已经发生了翻天覆地的变化，货车大型化趋势异常显著。据统计，自 20 世纪 90 年代以来，在我高速公路货运车型中，五、六轴半挂式铰接列车数量总占比已经从不到 10% 快速增长至 41% 以上。而在高速公路货运周转总量中，由铰接列车车型完成的周转量占到整个高速公路货运总量的 80% 以上。图 1 是 2004 年我国济（南）青（岛）高速公路主线交通量车型组成图示，其中 25 ~ 50 吨的六类货车的数量仅占总数的 5.3% 左右。图 2、图 3 和图 4 是我国近年来高速公路货车组成比例和各类车型完成货运周转量的统计图示。毋庸置疑，半挂式铰接列车已经从十年前的小众车型，发展成为当前我国高速公路货运绝对的主导性、代表性车型。

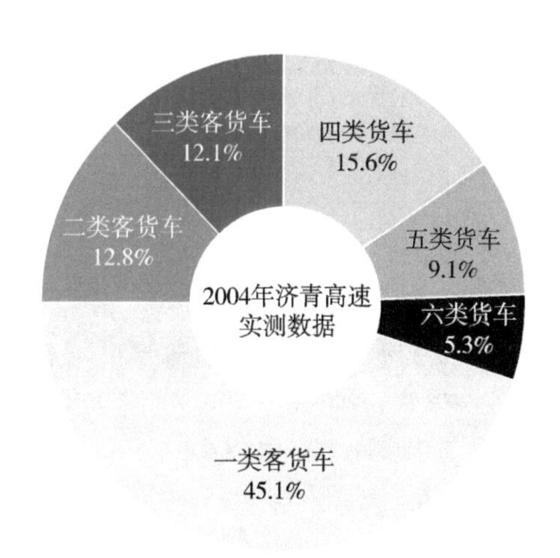

图 1　2004 年济青高速公路济南收费站的车型组成

注：一类客货车（1 吨货车，11 座以下客车），二类客货车（1 ~ 3 吨货车，11 ~ 30 座客车），三类客货车（3 ~ 8 吨货车，30 座以上客车），四类货车（8 ~ 14 吨货车），五类货车（14 ~ 25 吨货车），六类货车（25 ~ 50 吨货车）。

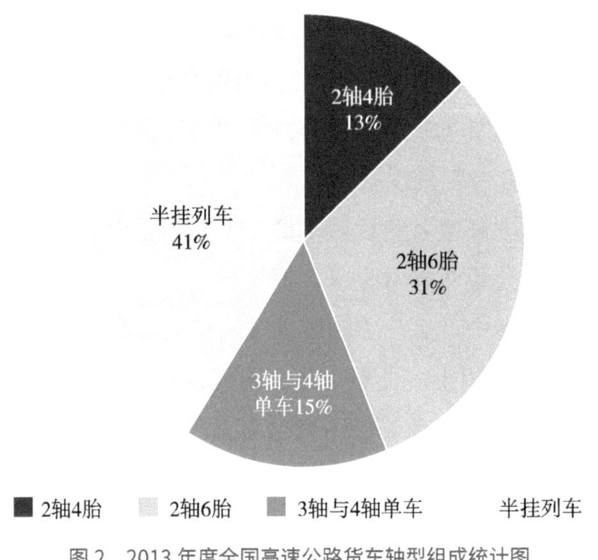

图 2　2013 年度全国高速公路货车轴型组成统计图

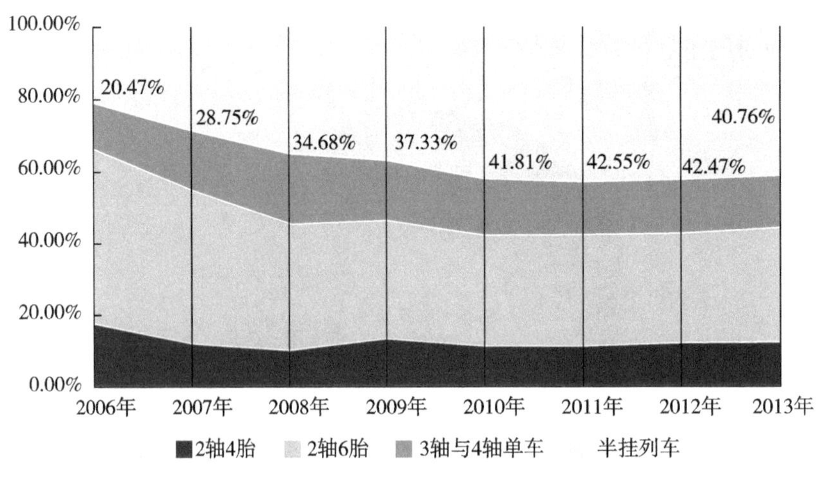

图 3　历年全国高速公路货车轴型组成统计图

尽管货车大型化的趋势很早就被大家注意到了，但为什么这一次的调查会让研究人员大吃一惊呢？这需要从公路的设计车型（设计车辆）和公路纵坡的设计原理说起。

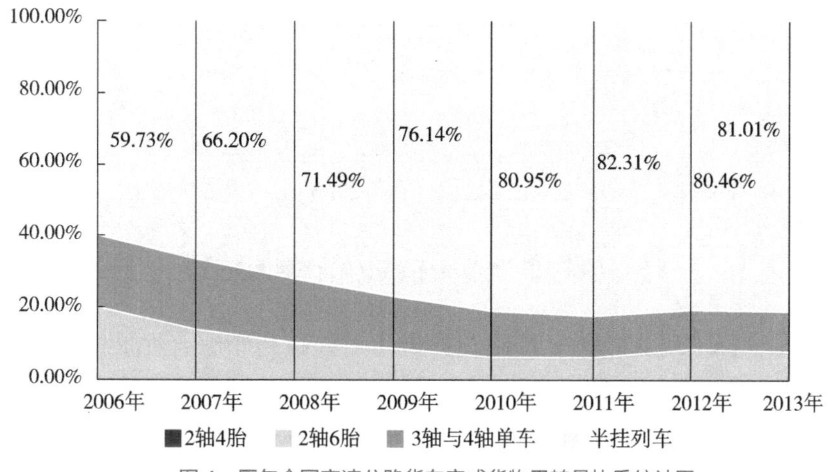

图 4 历年全国高速公路货车完成货物周转量比重统计图

（2）纵坡设计车型发生改变

公路是为汽车服务的。在高速公路规划设计中，根据控制因素的不同，在公路交通量、通行能力、服务水平、荷载标准、几何线形等各专业分别采用了不同的方式，综合考虑到了各类车型及其组成变化的影响，并且在合法合规的范围内考虑到相关因素不利组合的情况。例如，在交通量和通行能力方面，考虑到不同的车型组成是将各类车型按照影响大小，折算成小型车进行分析考虑的，而且考虑到了交通量高峰时的变化。公路平面圆曲线最小半径、弯道加宽等，主要是考虑大型车辆的转弯轨迹进行设计的；对于桥梁结构物的荷载标准，则是按照相对不利条件下的车队组合来考虑的。

前文介绍到，公路上坡路段采用的坡度、坡长等指标，在设计时主要是依据载重汽车（货运代表性车型，见图 5）的动力性能和爬坡能力来确定的，即公路纵坡是以典型的货运载重汽车为设计对象，按照其动力性能和爬坡能力来设计的。我国和美国等其他国家一样，都是以车辆综合性能参数 8.3kW/t 作为公路纵坡设计的基准条件的。但通过上述调查却发现，我国公路纵坡指标对应的设计对象——货运代表车型已经发生了本质性的变化，从之前的普通“载重汽车”已经发展成了前述的——大型铰接列车。

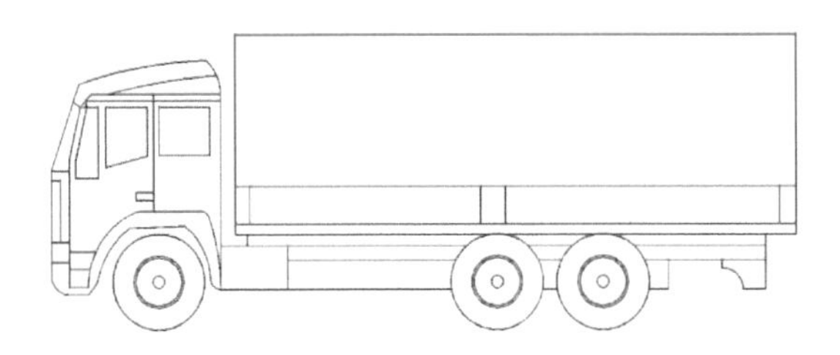

图 5　普通的载重汽车车型示意图(车货总质量 8 吨)

于是，标准研究单位立即组织开展了对铰接列车综合性能的调查、试验和研究工作。为确保相关研究成果的可靠性，其中关于货运代表车型——铰接列车（图 6）综合性能、制动性能等方面的试验研究，还专门邀请国内汽车工程专业的专家、学者共同参加完成。图 7 是六轴半挂式铰接列车。

图 6　六轴半挂式铰接列车车型示意图(车货总质量 49 吨)

图 7　六轴半挂式铰接列车

12.2 货运主导车型综合性能严重降低

相关专题通过实车试验、模型分析、观测验证等方式，对我国当前高速公路货运代表车型——铰接列车的综合性能进行了充分的调查研究。表 1 是我国公路技术标准、规范在历次修订中，对公路货运代表车型及其性能调查研究的成果对比表。

表 1 不同时期公路货运代表车型及其性能参数对比表

调查研究时间（配套项目）	1997 年度①	2003 年度②	2006 年度③	2014 年度④
代表车型（品牌和型号）	解放 / 黄河载重汽车 EQ–140	东风 EQ1108G6D16/ 东风 EQ3141G7D	东风载货车 EQ5208XXY2	东风天龙牵引车 DFL4251A9+ 罐式半挂东岳 CSQ9401GYY
车货总质量（吨）	8.0	12.6/14.15	20.9	49.0（55.0）
轴数（个）	2	2	3	6
车辆外廓尺寸（mm）（长 × 宽 × 高）	12000 × 2500 × 4000	7215 × 2470 × 2690 6520 × 2470 × 2890	11960 × 2470 × 3895	6810 × 2500 × 3700（牵引车）
发动机最大功率（kw）	74.4	118/132	155	250
最高时速（km/h）	—	95/90	85	98
最大爬坡度（%）	—	27/27	25	20
前进挡位个数	5	6	6	12
功率重量比（kW/t）	8.3	9.37/9.33	7.42	5.12（4.55）

注：①、②、③、④分别是 1997 年、2003 年、2006 年和 2014 年度《公路工程技术标准》《公路路线设计细则》等编制和修订过程中，对应开展专题调查研究所获得的、当时高速公路货运主导车型的情况。

通过表 1 不难发现，在 1997 年前后，我国公路的货运代表车型（普通二轴的载重汽车）的车货总质量仅为 8 吨，发动机最大功率为 74.4kW，其功率重量比为 8.3kW/t。在 2003 年前后，我国公路货运的代表车型为 14.15 吨的载重汽车，发动机最大功率为 132kW，其功率重量比为 9.3kW/t。

而当前，我国高速公路货运代表车型是六轴铰接列车，其车货总重量为49吨，尽管发动机最大功率增加到250kW（约340马力），但其功率重量比却只有5.12kW/t。对比可知，与十余年前相比，当前高速公路货运代表车型的发动机最大功率是之前的3～4倍，而车货总质量却增大到之前的6～7倍，这导致其最终整体性能——“功率重量比”却明显降低了约38%以上。车辆功率重量比的巨大差异，必然引起其在上坡爬坡能力和下坡制动性能方面的巨大变化。

如果这里仅从综合性能指标上看，尚不能判断其对公路设计、运营和安全的影响的话，下面将进一步从其上坡爬坡能力和下坡制动性能等角度，进一步分析其影响。

12.3 爬坡能力严重下降，上不去

（1）在公认的缓坡上，爬坡速度过低

国际上，高速公路纵坡设计中采用3%的纵坡，均被认为是属于缓坡条件。各国公路技术标准均以货车在3%的纵坡上具备一定加速条件，并且完全可以保持60km/h及以上稳定行驶速度为高速公路纵坡设计的一个基准条件。因为只有这样，才能满足高速公路“高速、高效”的功能需求，才能保证高速公路具备基本的通行能力和服务水平。但实际调查和试验研究却发现。我国高速公路货运代表车型——铰接列车在3%的纵坡（上坡）上，只能保持最大40km/h甚至更低的行驶速度（研究中称为“平衡速度”或“稳定速度”），显然根本无法实现高速公路设计时设置缓坡利于货车在此路段加速的目的。表2是六轴铰接列车代表车型不同纵坡对应的平衡速度。

表2 六轴铰接列车代表车型不同纵坡对应的平衡速度

坡度（%）	0.0	1.0	2.0	3.0	4.0	5.0	6.0	7.0
速度（km/h）	104.4	75.0	55.3	42.3	33.8	28.1	24.1	21.1

注：上表为六轴铰接列车代表车型在标准载重（49吨）、全负荷（油门全开）条件下的能够持续在不同纵坡上连续行驶的平衡速度。

进一步试验研究还发现，在3%～4%的上坡路段上，铰接列车满载、满负荷运转时，能够保持的最大行驶速度只有30～40km/h。这不仅明显低于我国《道路交通安全法》规定的最低限速（高速公路为50～60km/h）的要求，而且也明显低于公路设计时容许最低速度状态（设计速度120km/h时，最低容许速度为60km/h；设计速度80km/h时，最低容许速度为50km/h）。而实际上，3%～4%是山区高速公路采用较多，且一直以来被认为是相对平缓的纵坡条件。

（2）连续爬坡长度大幅减短

此外，按照公路设计通行条件，当载重汽车以80km/h平均速度进入坡度4%的上坡后，在保持行驶速度不低于最低容许速度（50km/h）的条件下，可爬坡的最大长度为900m。但对于六轴铰接列车代表车型而言，即便在降低最低容许速度（降低到40km/h）的条件下，其可爬坡的最大长度只有560m左右，对应的爬坡长度减小了40%以上。

货运代表车型综合性能过低的影响主要表现在以下方面：上坡爬坡速度过低，直接导致上坡路段公路通行能力下降，进而引起上坡路段的服务水平显著下降，经常性出现车辆排队或拥堵的现象。同时，与小型车辆性能条件良好、运行速度较高相对应，铰接列车爬坡速度过低，导致大小车型之间、客货车型之间的运行速度差显著增大。由此而引发的同向车流中大、小车型之间的剐蹭、追尾等安全事故，也正是我国山区高速公路在上坡路段发生安全事故的主要形态。

概括起来，货运车型大型化和大型货车车辆性能显著降低，在上坡方向不仅显著降低了高速公路应有的通行能力和服务水平，而且对上坡方向的行车安全性也是极为不利的。

12.4 持续制动能力过低，下不来

（1）大型货车的持续制动能力来源于辅助制动系统

在讨论大型货车持续下坡性能之前，首先需要纠正一个长期存在的、

普遍性的认识误区：大型货车持续下坡依靠的持续制动能力，并不来自刹车板，即“行车制动器”，或称为“主制动器”，而是来自“辅助制动系统”。这与通常了解的小型车辆的制动原理是截然不同的。

对大型货运车辆而言，刹车板（行车制动器）仅仅用于快速性的紧急制动。受到制动原理和制动毂材料等限制，大型货车行车制动器的核心装置——制动毂，在长时间连续使用后，由于过热会出现功能丧失等情况。因此，在设计制造原理上，大型货车在连续下坡时，车辆需要的长时间、长距离的持续制动能力，主要来自辅助制动系统。目前我国车辆较多采用的辅助制动系统，一般包括发动机辅助制动、发动机排气制动等。而在国际上，更为先进、稳定可靠的辅助系统还包括：电磁或液力缓速器系统、皆可博发动机辅助制动系统等。图 8 是我国一般大型货车驾驶面板上辅助制动装置的操作杆。大型货运车辆在长距离下坡时，正确的驾驶操作便是适时启用辅助制动系统，从而使得车辆保持较低的行驶速度连续下坡。

图 8　国内某货车车型驾驶面板上的辅助制动系统（缓速器）开关

根据我国目前主流铰接列车的装备条件，驾驶人可采用的辅助制动系统主要包括：发动机辅助制动（排挡制动）和发动机排气制动两种方式。

而这两种持续制动方式的工作原理决定了其持续制动能力来源于所装配的发动机性能——即最大功率。综合考虑车货总质量的发展变化，货车持续制动性能仍可用“功率重量比”予以表征。

（2）铰接列车持续制动能力低下

当前我国高速公路货运代表车型——铰接列车的功率重量比为5.2kW/t，相比较之前载重汽车的8.3 kW/t而言，降低了约30% ~ 40%，结合以上解释说明，可得出：铰接列车的持续制动性能与之前载重汽车比较，也降低了约30% ~ 40%。

货车持续制动能力发生如此大的变化，具体表现在实际行车过程中，就是在不同的坡度条件下，车辆能够安全下坡的坡度变短了；在相同的坡度条件下，车辆能安全下坡的坡长明显变短了。这里提到的“安全下坡”是指在试验研究中设定的与行车安全密切相关的条件，如按照研究所构建的铰接列车制动毂温控模型保持车辆制动毂的温度控制在200° 以下，即无制动性能损失的范围之内（由于详细阐述汽车制动性能等相关内容需要较大笔墨，仅在这里列出相关研究结论）。

货运代表车型持续制动能力过低的实际现状，直接影响该类车型在连续下坡过程中的持续制动性能，与其在长大纵坡路段的行车安全性有密切的关系。尽管驾驶人在实际行驶过程中，可根据车辆性能与公路纵坡条件，通过规范、合理化操作自主掌握车辆连续下坡速度，并实现安全下坡，但是，对该类车型而言，作为当前我国高速公路货运代表车型，其过低的持续制动能力条件，显然不适应山区高速公路的连续纵坡条件。

通过其他方面的调查还发现：我国各类各级车辆检测检验机构，目前还不能实现对载重汽车持续制动性能的检测检验。也就是说，所有大型货车在出厂上路之后，其持续制动性能到底如何，尚处于没有检测和评估的状态。在运营的大型货运车辆中，存在不同程度的非法改装现象，包括：违规拆除牵引车制动系统、加厚车体承载钢板、加高车体车厢、自行安装制动毂淋水装置等。而这些问题，也与车辆的制动性能、行驶安全性有关。

12.5 与国际同类车型差距大，装备落后

（1）欧美车型装配更大功率发动机

为了进一步掌握我国大型货车代表车型的性能变化，笔者还对欧美国家公路大型货运车辆的综合性能及发展趋势进行了调查分析，与我国同类车型的综合性能、安全配置，以及销售价格等进行了对比。表 3 是美国 Kenworth T680 和欧洲 Renault DXI 等同类代表性车型，与我国铰接列车代表车型综合性能的对比表。

表 3 美国、欧洲同类车型综合情况对比表

对比车型	最大功率（kw）	最大扭矩（Nm）	最大驱动力（N）	最大整车制动扭矩（Nm）	整车售价（人民币，万元）
美国 Kenworth T680	339	2237	165543	46861	121.0
欧洲 Renault DXI	338	2250	144612	41804	96.0
中国 DFL4251A9	250	1650	137210	36862	29.6

通过与欧美地区的公路货运大型货车同类代表性车辆的综合对比，研究者发现：以美国为代表的北美地区的公路货运重型卡车的品牌和车型较多，车辆总质量分布范围差异很大。而欧洲由于统一的重型车辆制造标准等原因，公路上通行的重型载重汽车的总质量相对统一，欧盟大部分国家大型载重汽车的总质量均在 44 吨左右，与我国铰接列车的总质量 49 吨较为接近。我国铰接列车代表车型一般配置发动机的最大功率约在 220 ~ 258kW（对应为 300 ~ 350 马力），其功率重量比在 5.12kW/t 左右，而欧美同类车型则配装更大功率的发动机，其功率重量比一般平均不低于 8.3kW/t。同时，在世界范围内，重型卡车综合性能的发展趋势，是在不断提高的。因而，欧美同类车型的动力性能高，爬坡能力强，具体表现在：同一速度条件下，爬坡的坡度更大；保持某一速度条件时，连续爬坡的距离更长。

（2）欧美车型装配新一代辅助制动系统

同样的，由于装配了更大功率的发动机系统，欧美车型在下坡时的整车制动扭矩更大，制动能力更强。通过车辆动力学模型和制动性仿真研究，

如果仅仅使用排气制动或发动机辅助制动方式，欧美同类车型在同等试验条件下（保持60km/h速度连续下坡）可安全下坡的坡度比国内车型增大约20% ~ 40%。

前文提到，大型货车持续下坡能力主要取决于辅助制动系统。欧美国家的大型货车在装配更大功率发动机的同时，更为重要的是——还装配有先进的、持续制动效能更强的电磁、液力缓速器或皆可博发动机辅助制动系统等。而目前，我国生产和在运营的铰接列车，主要装备有发动机排气辅助制动系统。对比可见，国内车型不仅辅助制动系统装备与欧美存在“代差”，而且受到装配发动机总功率（偏小）的限制，我国铰接列车排气制动系统的持续制动效能相对较低，与欧美同类车型差距大。在公路连续下坡路段的具体表现是：欧美同类车型的持续制动能力更强、安全连续下坡的坡度更大、持续下坡的距离也更长。

根据调查，虽然国内各重卡厂商均提供有装配更大功率发动机的车型，我国也已具备货车专用电磁缓速器等生产制造的能力，但受到一次性购置费用、运营成本等因素影响，实际营运车辆中装备更大功率发动机的车辆却很少，装备缓速器制动系统的车辆就更少（进口车型除外）。另外，据汽车制造业内人士解读，这一现状与我国货车生产制造标准有一定关系，其中包括我国车辆生产制造标准并未强制性要求该类车型装配缓速器等新一代辅助制动系统。而对应的大型客运车辆，缓速器辅助制动系统早已是标准配置了。

综上，由于高速公路货运车型组成和主导性车型性能条件等的发展变化，引起了高速公路货运代表性车型（六轴半挂式铰接列车）的综合性能不适应于山区高速公路纵坡条件的问题，存在明确的“车不适应路”的结构性矛盾，“上不去，下不来”。所谓“上不去，下不来”是指该类车型不能以高速公路设计通行条件要求的合理速度，高效、安全地上坡和下坡。而该矛盾问题应该正是我国山区高速公路长大纵坡路段下坡方向大型货车制动失效、车辆失控事故较为集中、多发，连续上坡路段拥堵等问题的深层次矛盾和症结所在。

长大纵坡安全与车路协同矛盾探究

如何破解长大纵坡安全问题

（2016 年 12 月）

13.1 车路协同矛盾中谁是鞋谁是脚

从道路交通专业的教科书开始，我们就明确了：路是为人、车交通服务的。长期以来，道路交通行业内外，大家也都是秉承着这样一个出发点，去看待和处理与车、路之间的配合与矛盾的问题。而面对笔者上面阐述的“车不适应路”的结构性矛盾，如何破解车路协同矛盾，如何从根本上消除长大纵坡安全问题？到底是路应该适应车，还是车应该适应路呢？是改造鞋子去适应自己的脚呢？还是要削足适履呢？车与路，到底谁是鞋子，谁是脚呢？

实际上，在上述“车路协同矛盾”被揭示的之前和之后，在公路勘察设计领域、在道路安全与管理领域，在相关技术标准规范修编修订过程中，均存在关于长大纵坡事故与设计指标采用等方面的讨论和争论。

（1）观点一：公路应该主动适应车辆的发展变化

一种观点认为，公路是为车服务的，公路设计和纵坡条件理应主动迎合、适应车型组成和车辆性能等发展变化，毕竟大型货车整体性能低下是我国当前的实际国情，“多拉快跑”是公路汽车运输的现状；毕竟这些事故是发生在相对集中的长大纵坡路段，车辆失控与连续纵坡条件之间存在一定的相关性的……

于是，一些专业人士认为，只要有条件就应该最大限度地减低、减缓高速公路的纵坡坡度，为大型车辆提供更为平缓的纵坡条件。于是，就出现了前文中笔者提到的情况——在最近设计的少数高速公路项目或既有山区高速公路改扩建项目中，有项目竟然采用了整体几十公里接近 2% 平均纵坡的情况。很明显，这一纵坡条件远远低于（是更偏于安全的）任何一个国家技术标准的要求，甚至于与平原地区的高速公路完全一致了。

（2）观点二：公路不能无限制适应车辆的发展变化

而另一种观点认为，尽管公路是为汽车服务的，但是公路却不能、也无法做到无限制地去适应过低的汽车性能条件，主要理由在于以下多个方面：

①各类事故调查和车路协同矛盾的研究明确，长大纵坡安全问题的直接和间接原因并不在于公路纵坡条件本身，除了超速、超载和驾驶人违章违法操作等直接因素外，货运主导性车型整体性能低下、持续制动系统装备落后等问题，应该才是影响安全的间接因素和深层次矛盾问题。

②长大纵坡问题的本质不只是在于平均纵坡的坡度“大”的单一方面，而且还表现在连续纵坡“长”的另一方面。对于各类翻山越岭、从平原爬升到高原阶地的高速公路项目，其相邻路段间的相对高差条件大致是不变的，那么，减缓纵坡坡度就必然意味着导致连续坡长更长。而截至今天，行业内外所有关于长大纵坡安全问题的调查研究，均无法明确得出“纵坡坡度更缓、长度更长”方案的安全性优于“纵坡较陡、长度更短”方案的结论。毕竟，对于连续下坡的车辆而言，其从高处向低处行进而引起的总体势能积累转化条件是没有变化的。

③公路作为长期乃至永久性的交通基础设施，投资和建设成本巨大，不应也不能仅仅只考虑当前、现阶段的车型组成和性能条件，而应该对照国际公路技术标准和车辆性能发展趋势，从更为长远发展的角度去破解问

题和矛盾。正常情况下，高速公路（主要在于各类结构物）的使用寿命应该在 100 年以上。

④从全世界大型货运车辆综合性能和安全装备提升的总体趋势来看我国当前货运车辆大型化、性能偏低等现状必然是会随着社会经济的发展情况逐步发展提升的，而不是降低的。我国大型货车车型持续制动系统装备系统落后等现状，是完全有条件通过修改车辆生产制造等标准以及相关政策导向快速改变的。据调查，大型货运车辆的实际使用年限约在 3 ~ 5 年左右。

⑤尽管今天高速公路的设计与建设技术，是有条件地通过迂回展线、螺旋隧道、超长隧道与桥梁结构等等工程措施，把山区高速公路的纵坡压制到与平原地区大致相同条件的，但是由此而产生的公路建设里程大幅度增加、工程规模、占地与造价等等急剧增大等应该由谁埋单呢？根据测算，高速公路纵坡从 4% 降低到 3%，就会引起公路建设里程增加约 25% ~ 40%，甚至更多。

⑥在更长远的方面，由公路里程增加引起长久性的建设维护、车辆运营里程增加，又该如何应对呢？对于交通组成中大多数的小型车辆而言，又凭什么需要在路上多绕行 25% ~ 40% 的路程呢？

⑦要改变我国已经建成的山区高速公路的纵坡条件，是几乎不可能的事情。

13.2 长大纵坡安全与车路协同矛盾的认识

在关于长大纵坡安全问题与车路协同矛盾破解的讨论与争辩中，笔者的观点与认识是明确的。那就是：面对“车不适应路”的结构性矛盾和严峻的长大纵坡安全问题，我们只能通过政策、法规、标准和市场等共同作用，尽快提升大型货运车辆的综合性能和安全装备，通过产品更新换代，在最短时间内实现大型货运车辆的综合性能适应山区高速公路纵坡条件的要求，从而在根本上化解目前车路协同矛盾，从根本上提升高速公路尤其是长大纵坡段的交通安全性。同时，促进我国大型货运车型综合性能条件紧跟世界同类车型的发展趋势。

为便于大家提纲挈领、快速掌握笔者所阐述的问题和观点，在这里对全文内容进行简要总结如下：

① 我国高速公路建设向中西部山区复杂条件推进，受到地形、地质等客观条件限制，长大纵坡现象是难以避免的。而所谓的长大纵坡，并非中国特有的情况，在其设计和指标上，一般均是满足相关技术标准和要求的，是能够满足高速公路设计的安全通行条件的。经国内外技术标准与工程项目对比，我国高速公路纵坡标准与指标，与世界各国标准是基本一致的，而且在具体设计掌握上往往是更偏于安全。

② 根据相关调查统计，长大纵坡路段的安全事故主要发生在下坡方向，事故多为大型货车制动失效、车辆失控而引起的事故。事故形态多为：追尾、横向剐蹭、侧翻、撞击路侧设施及固定物等。事故致因主要是车辆超速、超载和驾驶人违法、违章操作等方面。

③ 根据标准规范修订调查研究，我国高速公路货运车型组成在近十年左右发生重大变化，货车大型化趋势异常显著，货车代表车型（或成为主导性车型）从两轴 8 吨的载重汽车，发展变化成为六轴 49 吨的铰接式汽车列车。进一步试验研究发现，铰接列车车型的综合性能严重低下，具体表现在上坡方向爬坡能力过低，上不去，下坡方向持续制动性能过低，下不来，即不能按照高速公路设计通行速度等条件要求，高效、安全地上、下坡通行于高速公路连续纵坡路段。

④ 与欧美同类车型对比发现，我国高速公路代表车型——铰接列车整体性能差距显著，欧美公路主流货车的功率重量比均在 8.3kW/t 及以上，而我国铰接列车主流车型只有 5.12kW/t；在辅助制动系统等安全装备方面，我国与欧美存在明确的“代差”，我国铰接列车普遍采用发动机排气制动，而欧美同类货车已将皆可博发动机制动系统、电磁和液力缓速器系统等更新一代的辅助制动系统作为车辆生产制造的标准配置。

⑤“车不适应路”的现实矛盾，与我国山区高速公路连续纵坡路段的

整体运营现状、连续纵坡路段安全形势等之间，必然存在着紧密的关系。从一定角度上，可以明确得出“车不适应路”的结构性矛盾应该正是我国当前山区高速公路长大纵坡路段安全问题的深层次症结所在。

⑥ 尽管“路是为车服务的”，但是高速公路作为长期甚至永久性的交通基础设施，其设计与建设不可能无限制迎合大型货运车辆性能过低的发展趋势；“车不适应路”的关键矛盾只能通过提升大型货车整体性能和安全装备来破解。同时，为减少减轻当前“车路协同矛盾”的不利影响，应重点加强对在运营的山区高速公路连续纵坡路段的交通组织与管理，杜绝各类“人、车”违法违规现象，严格控制车辆连续下坡的速度（不高于 60km/h）。

13.3 长大纵坡安全与车路协同矛盾的建议与措施

（1）从源头入手限制低性能货车制造和使用

综上所述，“车不适应路”的矛盾是由公路运输车型组成的大型化发展引起的，是一定时期内市场化发展的结果。笔者认为，从公路项目设计和建设角度，显然是无法根本消除这一矛盾的，即我们不可能简单地通过改变公路设计的控制车型性能条件、公路纵坡设计方法和指标来消除这一矛盾的。其原因有多个方面：我国已经建成的高速公路（约 13 万公里）的纵坡条件是难以改变的；我国公路技术标准与纵坡控制指标、纵坡指标对控制车型的性能要求等与世界其他国家是基本一致的；全球汽车工业发展方向和趋势是大型货车的综合性能更高、更强；发动机制动、缓速器等为大型货车提供下坡持续制动力的装备在国外成为标准装备……

那么，对于今后新建的高速公路呢？如果完全要让公路纵坡设计去适应这样过低的货车性能条件，其结果是：要么高速公路纵坡路段只能按照 40 ~ 60km/h 速度通行，要么把山区路段的平均纵坡降低到 2% 甚至以下。前者对于高速公路的通行要求显然是无法接受的，而后者则必然会引起公路建设里程和工程规模急剧增加，国际上没有也不可能有这样的案例。因此，要从根本上消除“车不适应路”的影响，破解“车路协同”的矛盾，只能从我国货车生产、制造、准入的源头开始，建立对大型货车制造的最低性能指标标准和要求，提高大型货车的综合性能条件，并逐步限制低性能车型的生产、制造和使用。

（2）提高货车持续制动能力

鉴于世界范围内货车性能总体提升的发展趋势，同时参照世界其他国家公路设计对货车性能的参数要求，我国应逐步提高对大型载重汽车动力和持续制动性能的要求，导向大型载重汽车装备较大排量、功率的发动机。具体说，建议以功率重量比不低于 8.3 千瓦 / 吨作为对载重汽车动力性能的最低限制，这一低限要求不仅符合世界范围内大型载重汽车整体性能的发展趋势，而且也能满足既有高速公路的纵坡条件和设计通行条件。对应铰接列车 49 吨的最大载重量，即需要配置功率在 410 千瓦以上的发动机。同时，应逐步限制低性能车辆的生产和使用。只有这样，“车不适应路”的矛盾才可能逐步缓解并最终消除。

要提升我国铰接列车的下坡持续制动性能和能力，除提高发动机排量和功率之外，另一个关键措施就是升级换代辅助制动系统和装置。建议应强制性要求大型货车安装缓速器等持续制动能力更强、性能更好的辅助制动系统。图 1 是大型货车上安装的电（磁）涡轮缓速器。同时，借鉴发达国家关于卡车制造标准的要求，建议应强制性实现对大型货车下坡持续制动能力的检测检验。

图 1　大型货车上安装的电(磁)涡轮缓速器系统

（3）明确货车功率重量比要求

公路设计不仅要适应汽车行驶的运动学特性，还要考虑设计车型动力（学）及安全（制动）性能方面的条件。其中高速公路中的主要纵坡控制指标如：最大纵坡、最大坡长限制、缓和坡度等，在确定时就需要考虑高速公路设计车型的综合性能条件。而同时，由于纵坡控制指标直接与行车安全性相关，并且直接影响公路建设方案、建设里程、土地资源占用费等，显著影响高速公路的建设规模和工程造价，更长远地影响着高速公路的服务能力和运营效率。因此，从高速公路对安全、快速和服务与通行能力等要求出发，公路纵坡指标及几何条件又反向对汽车（主要是载重汽车）的综合性能、安全条件、通行速度、交通组织等提出了一定的基本性要求。以前，这一方面较少被大家所关注到。

笔者认为，一方面应在我国公路行业相关技术标准规范中，明确上述对货车功率重量比的低限要求；另一方面，高速公路作为提供给公众的公共服务性产品，应编制“产品用户说明书”，向公路使用者明确说明高速公路安全、高效通行对车辆、驾驶行为以及管理等的基本性要求。

（4）加强连续纵坡路段交通管理

尽管要消除“车不适用路”的矛盾和问题，需从其源头入手，但是车型组成与整体性能的改变不可能一蹴而就，必然需要一定的时间周期，因而，从最大限度减小上述矛盾和影响出发，为提高我国当前山区高速公路的运营安全性，笔者建议：

① 通过加强管理、严格执法等措施，杜绝各类“人”和“车”的违法现象。

建议系统性加强对高速公路货运车辆的交通组织和通行管理，具体措施应包括：严格实施并杜绝货车“三超”等现象；禁止车辆违法改装等现象；禁止货车空挡滑行、疲劳驾驶等违法或不规范的驾驶操作行为。因此，在大型货车性能严重降低的条件下，超载、超限、违法改装、违章驾驶等现象使得“车不适应路”的矛盾“雪上加霜”。根据相关课题的调查研究，高速公路长大纵坡路段下坡方向的交通事故，主要是由“人”

和“车”的违法、违章等直接原因引发的，而对公路交通运输系统中人和车等不安全因素的控制和防治措施，归根结底都依赖于管理措施的改进和加强。

② 通过安全性评价等方法，完善交通安全设施，重点实施交通组织管理和速度控制措施。

建议针对高速公路连续纵坡路段，结合交通安全性评价等方法和程序，对上坡方向的通行能力进行分析，对下坡方向交通安全性进行评价，进而针对性完善交通工程和路侧安全设施，尤其是应重点实施科学、合理的交通组织管理和速度控制等措施。

根据对铰接列车在不同制动方式下车辆连续下坡的临界坡度等试验研究（图 2），在采用正确的制动方式下（包括采用排气制动和发动机制动模式），车辆保持连续下坡的速度越低，能够稳定、安全下坡的坡度越大。采用发动机排挡制动方式时，能够连续下坡的坡度和长度明显大于不采用辅助制动方式（即采用空挡滑行下坡）；而采用排气制动方式时，能够连

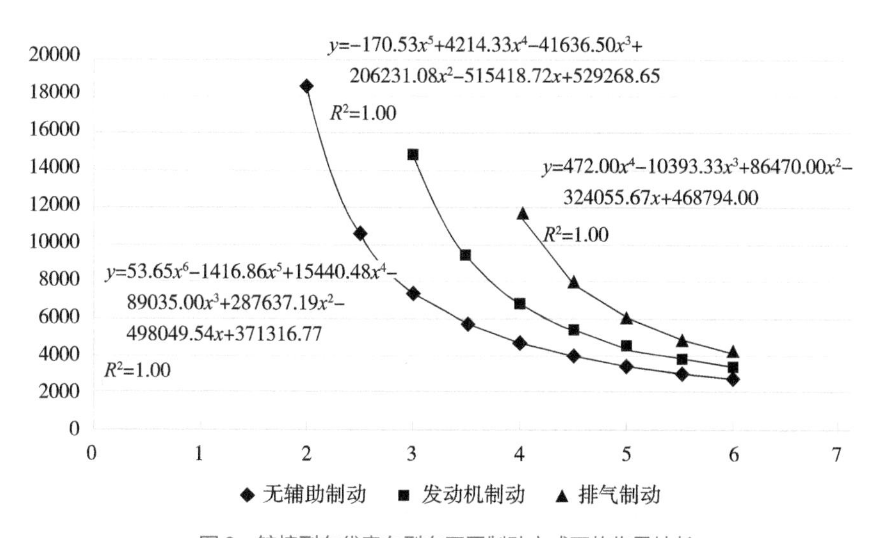

图 2　铰接列车代表车型在不同制动方式下的临界坡长

注：试验条件为车辆保持 60km/h 速度连续下坡。

纵轴为连续下坡的长度（m），横轴为纵坡的坡度（%）。

续下坡的坡度和长度明显大于采用发动机排挡制动方式。因此，对于高速公路连续下坡路段，保持较低的行驶速度和正确使用辅助制动系统是保障大型货车在这些路段货车下坡安全性的关键。建议对于四车道高速公路的连续下坡路段（我国目前典型的山区高速公路以四车道为主），应实施严格的分车道的交通组织管理措施，明确限定外侧行车道仅供大型货车通行，并对大型货车下坡行驶速度进行严格限制。

五过避险车道而不入，道路还能如何宽容

从兰海高速事故谈什么是避险车道

（2018 年 11 月 7 日）

在兰海高速公路大货车失控事故发生之后，“避险车道”这个词引起了行业内外和广大网友的关注。那么，避险车道到底是什么呢？为什么要设置避险车道呢？避险车道就真的是危急关头的最后一根“救命稻草”吗？笔者结合相关调查研究和标准规范解读，进行如下探讨。

14.1 避险车道属于什么

在百度检索中避险车道是指“在长陡下坡路段行车道外侧增设的供速度失控（刹车失灵）车辆驶离正线安全减速的专用车道”（图 1）。“避险车道”一直被很多人认为是公路践行容错设计理念的一种典型的主动性安全措施。当车辆因各种原因在连续下坡过程中出现失控、无法停车的危险状态之后，可以通过驶入避险车道“安全停车、成功避险”。在国内不少山区高速公路项目中，也不同程度地设置了一些避险车道（图 2 图 3）。如果在网络上检索“避险车道”，甚至还可以浏览到类似“某某公路增设

避险车道，减少了事故发生”等资料。

图 1

图 2　国内高速公路上设置的避险车道

图 3　国内高速公路上设置的避险车道

14.2 关于避险车道的误解

事实上，上述关于避险车道的理解和认识是不准确的。首先，避险车道并不属于交通安全类的主动性防控设施。因为，实际情况是当驾驶人在驾驶途中想到要进避险车道的那一刻，车辆已经处于失控状态，也就是说，事故已经发生了，就像已经拉掉了引线即将爆炸的手雷，只是事故接下来将要导致的事故形态、事故损失还没有出现。

如果以事故发生前后作为主动和被动的界定条件的话，那么，在车辆已经失控后采取或发挥作用的设施，就属于被动设施。由此，可以清晰地认识到，避险车道并不能预防和减少事故发生（次数），而只能降低事故的危害程度、减少事故可能造成的损失。

另外，我国现行《公路工程技术标准》的专业术语和条文解释中，避险车道是“在行车道外侧增设的、供制动失效车辆尽快驶离行车道、减速停车、自救的专用车道”。尽管文字内容较为简洁凝练，但实际上却明确给出了以下几点避险车道的性质和定义。

第一，制动失效的大型货车本身就是一颗即将爆炸的“炸弹”，当其“爆炸”时，必然会对公路上正常通行的其他车辆、人员，以及道路设施造成重大危害，因此，设置避险车道的首要目的是让其尽快“驶离行车道”，与高速公路主线上的正常车辆分离。

第二，失控车辆最主要的危害是速度快，动能大，不可控制。因此，设置避险车道的第二个目的就是通过避险车道的特殊设计（一般设计成反向的上坡，同时在车道上铺设松软的砂石材料，见图4），使得失控车辆能够尽快减速，进而停车。只要车辆速度降了，能够停下来了，那么其危害就完全可控了。

第三，条文解释中“自救”一词，更是非常关键和有针对性的。它清晰地界定了避险车道作为一种“额外增加”“容错性设施”，失控车辆进入避险车道的行为属于“自救”。即并不代表只要进入避险车道，就能够保证人车完全“避险”“毫发无损”的。

图 4　避险车道使用情况

14.3　避险车道并不能保证人、车的“绝对安全”

尽管对这一点，很多人恐怕是难以理解和认同的，但事实却是如此。国内相关单位、工程项目就避险车道开展了大量的试验、研究和实践。如果现场体验过约 50 吨的“巨无霸”以 100 公里以上的速度和动能，冲击过来时的气势，就会理解，所有防护措施的作用必然是有限的。

因为出现连续性下坡的路段，往往是地形、地质条件最为复杂的路段，很多时候路侧并没有设置避险车道的空间条件。为了能在严重受限的空间条件下设置避险车道，有一些科研团队在避险车道的形式、结构等方面做出了很多创新和发明，例如：缆索式、拦网式等，但任何设施设计都有其适用条件和范围。在失控车辆载重量（超载时）、速度、行驶轨迹等状态不可控、难以量化测算的前提下，要保证人、车毫发无损是极其困难的。图 5 是国内某高速公路设置的避险车道。

另外，关于避险车道有两点值得关注：其一，要在较短距离内拦停车辆，往往都需要在车头部位实施阻力，而我国大型货车目前主要采用平头设计，其车头在设计上恐怕并不防撞、不能承受这样大的反向冲击阻力。因此，即便车拦停了，也必然会造成车头变形，人员也有可能受伤；其二，车厢与底盘之间、车厢与所装载货物之间，并不是刚性连接的。即便是拦住了车辆底盘，但由于巨大的惯性作用力，导致车厢与底盘折断脱离、货物与车厢发生位移，产生二次事故的风险是难以避免的。

图 5　国内某高速公路设置的避险车道

14.4　关于车辆失控的原因

前文说到，对于失控的车辆而言，尽管避险车道未必能让其“毫发无损”，但对于减少、减轻事故危害（包括人员伤亡），尤其是将其与正常车流分离、避免对高速公路正常车辆造成更大危害等作用是显而易见的。那么，是否意味着设置避险车道就是必需的呢？应该被强制性设置呢？要讨论这一点，必须要明晰：失控车辆运行属于公路设计时应该考虑的范畴吗？车辆为什么失控、是道路条件导致车辆失控的吗？

很多人直观地认为，大型货车失控是因为道路设置了连续纵坡导致的。而事实上，调查研究结论表明，大型货车失控的主要和直接原因并不在于道路纵坡等条件：

第一，我国公路纵坡指标与世界各国是基本一致的，而在纵坡指标控制上较欧美等国家更为严格，总体设计和指标采用是偏于安全的。

第二，大量的连续纵坡车辆事故调查结果表明，几乎所有事故的直接和主要原因均在于人和车的因素（这里不再累述），这些结论来自公安交警部门的事故处置报告。

第三，前文中通过相关调查数据、试验结论等，揭示了我国当前“车不适应路”的深层次矛盾，即高速公路货运代表车型的动力性能、持续制动能力严重下降，“上不去、下不来”。

第四，通过驾驶人问卷调查等相关调研可知，几乎所有被调查的货车驾驶人均认同，只要规范操作，合法驾驶，在类似长大纵坡路段均是可以安全通行的。

14.5 避险车道应该如何设置

大型货车失控并不是道路纵坡条件直接造成的，失控车辆自然也不属于道路设计应该考虑的基准条件，且全世界道路设计的基准条件均是合法、正常的人、车条件，甚至包括气候气象等环境条件。公路标准、规范中关于避险车道设置方面的规定如下：

《标准》第 4.0.9 条规定：连续长、陡下坡路段，应结合交通安全性评价论证设置避险车道。同时，在《规范》中规定：对于连续长陡纵坡路段的下坡方向，应重点依据交通量、车型组成……分析评价车辆连续下坡的交通安全性……对应提出交通组织管理、速度控制措施方案，必要时论证设置避险车道。

对标准规范的上述规定，笔者的解读是：避险车道并不是公路在一定条件下强制性设置的主动性安全设施，而是在有条件、经过论证之后可设置的被动型防护设施，是公路设计践行“以人为本”的一种容错设施。《规范》明确指出，对于连续纵坡路段安全管理必须采取综合措施，重点是交通组织管理和速度控制等，然后，才是在有建设条件时，考虑增设避险车道。

简而言之，避险车道并非强制性设置的，而是视条件论证设置的。对于社会民众，不能将其理解为：是公路设计不够合理、不够安全，才增设避险车道来弥补的。任何道路设计、指标采用等要求，均是以保证合法、正常车辆的安全通行为前提条件的。

14.6 兰海高速事故路段的避险车道设置

兰海高速事故路段（图6），有以下特点：

① 事故路段因为特殊的地形条件制约，虽然存在连续约17公里的下坡，但从公路几何线形条件角度，该路段平纵横几何指标均为适中，不存在高山峡谷区的“急弯+陡坡”等采用极限指标的现象。

② 兰州属于典型的峡谷河道型城市，特殊的地形条件决定，进城方向必然是一路下坡，收费站也只能布置在下坡之后，并与城镇密集区保持一定的距离。事故路段虽无法避免连续下坡，但从下坡行车安全出发，纵坡设计总体“前陡后缓”，是相对合理的。收费站路段设置在平纵指标较高、视距良好的平缓路段上，是满足车辆正常停车缴费等需要的。

③ 事故路段沿线各类交通标志齐全，除设有必要的指路等标志外，各类连续下坡、避险车道位置、谨慎驾驶等提示、警告标志一应俱全，短短17公里范围就有几十块。

图6　兰海高速沿线安全设施图片

④ 尽管按照公路标准规范，避险车道并非强制性要求设置，但事故路段却在短短的十余公里范围内，高标准、高密度设置了 5 处避险车道（图 7）。而且，避险车道之前的相关提示、警告标志清晰、齐全。

图 7　兰海高速沿线安全设施图片

⑤ 该路段一直是交通和安全管理部门重点监管、整治的重点，已经先后进行过多次整治改造。

面对兰海高速事故路段的客观建设条件，面对已经高标准配置安全设施等现状，尤其是事故车辆“五过避险车道而不入”最终导致重大事故的客观事实，笔者不仅要反问：道路还能如何宽容呢?

从 11.3 兰海高速公路事故谈

道路符合标准规范就安全吗

（2018 年 11 月 18 日）

甘肃“11.3 兰海高速事故”（图 1）发生后，在网络和媒体上又掀起了对道路交通安全问题的大讨论。笔者注意到，仍有安全方面的专家迫不及待地在事故调查、追责阶段，开始对道路及设施进行批评和质疑。而其

图 1　兰海事故现场图片

中最为尖锐、棘手的质疑就是——“道路符合标准规范就安全吗？”“符合标准，为什么还有事故发生呢？”面对这些质疑和诘问，有时交通部门竟难以用一、两句话回答、解释。

下文中，笔者从什么是标准规范、道路符合标准规范说明什么、道路符合标准就安全了吗等方面，试着进行回答、讨论，并对这种诘问背后隐藏的错误认识，加以辨识、驳斥。

15.1 什么是道路标准规范

要讨论这个话题，必须首先明确什么是“标准规范”，它具体包括什么，在道路工程建设与管理中发挥什么作用。道路标准规范在内容上，覆盖工程建设、管理相关的多个方面，包括功能、技术、安全、环保等。如果单从安全角度下一个定义，那么，“道路标准规范”就是一个国家、一个行业，在一定时期、一定的经济和技术条件下，对安全的共识，经过凝练、总结成覆盖各专业、各工程阶段的相关技术指标和要求等。以此作为指导道路基础设施规划、设计、建设和管理等各阶段工作的技术性指导文件。

通常，我们口头上所说的“道路标准规范”，并不是特指某一部标准或规范，是对道路标准规范体系的简称。这个体系本身就包括不同层次、不同专业、应用于不同阶段的一系列标准、规范、细则、指南等。目前，我国交通运输部已经正式颁布在实施的与道路相关的标准、规范达上百部。

道路标准规范作为技术性文件，其本身在属性并不属于法律、法规，但当其被相关法律法规引用，作为道路及设施建设等的依据时，便成了道路建设所依据的“工程法律法规”了。按照我国《公路法》和《道路交通安全法》等的规定，我国公路行业技术标准事实上就是公路规划、设计、建设与管理的法律法规。

15.2 道路符合标准规范说明什么

在解释什么是标准规范之后，我们就可以很容易理解下一个话题——“道路符合标准规范说明了什么”或“符合标准意味着什么”。道路符合国家和行业相关标准规范体系，说明道路设计、建设和管理达到了国家和行业对公路项目建设的综合要求，不仅满足公路建设项目在交通服务功能方面的要求，同时也达到了一定时期、一定经济和技术条件下在交通安全方面的要求。

为什么强调“一定时期、一定经济、技术条件”呢？因为，每个国家在不同时期、经济和技术条件下，对工程建设和安全等的认识是不同的，而且必然是在逐渐发展变化的。例如，我国在建国初期，受到经济和技术条件等制约，公路标准和实际建设很少涉及安全设施方面的内容。而今天，安全设施等则是道路标准规范和建设中的重点内容之一。因此，道路符合标准必然是指道路建设满足其建设时对应的标准规范，而不是其他时期的标准规范。

15.3 道路符合标准规范就安全吗

每每在重大事故发生、开展事故调查的过程中，总有一些网友，尤其是一些安全方面的专家，会对道路是否存在问题进行讨论，提出质疑。于是，道路相关单位和部门，就会进行解释说明，例如：“事故发生路段，连续下坡等条件是客观条件造成的。”“经过核查，道路设计和建设在各方面是符合国家和行业的相关标准规范的。”但是，在事故调查中总听到有人反问“道路符合标准规范就安全吗？”让很多道路部门竟然难以回答。

笔者认为，在事故调查、追责阶段，如果说有民众或网友提出这样的诘问，是可以理解的。毕竟，普通民众并不一定了解道路设计、建设和交通安全方面的相关专业知识，尽管有人每天在路上开车，但并一定了解道路建设的依据、法律法规。但是，对于一些交通安全方面的专家、公安交管人员而言，也提出同样的诘问，笔者颇感诧异，甚至认为是非常危险的。或许，读者会认为这样说是言重了，其实不然!

15.4 满足安全要求 ≠ 承诺不会出事

首先，结合上文的解释，“符合标准规范，说明道路达到了建设时对质量和安全等方面的指标和要求”而“道路满足标准规范就安全吗？”这一句诘问中的“安全”一词是指“不出事、不发生事故”，即“道路满足标准规范就能保证不发生事故吗？”很明显，在这一句诘问中的“安全”一词被偷换了概念!

作为任何一个有基本交通常识的人士都会知道：交通事故的发生与多种因素相关，包括组成交通系统的人、车、路、环境等多个方面。有时，事故由这些因素中的单一因素导致，而更多的时候事故是由多项因素耦合作用下发生的。而仅凭道路及设施，是绝对不能保障不出事故的，无论是谁设计、谁建设、谁管理的道路。例如，有车辆在正常行驶中突发爆胎，失控冲撞了另一辆车；有人疲劳驾驶追尾了前车；有人在高速公路上倒车这些事故都与道路无直接关系，道路只是事故的发生地而已。另外，在全世界范围内，没有任何一个国家的任何一条道路能够承诺永远不出事故。

因此，道路满足标准规范，说明道路“满足安全要求”，但并不等同于“承诺不会出事”，因为“仅凭道路本身不能保障绝对安全”。笔者诧异，为什么有安全专家，竟会提出如此背离基本交通安全常识的问题?

15.5 有限责任与无限责任

截止到本文撰写前，兰海高速事故仍在调查之中。几乎每个人都知道，正在进行的事故调查工作除了重点查明事故发生的原因之外，还要对人、车、路、管理等方面的过错、失职进行追责，从而举一反三、防止事故再发生。

尽管目前，根据兰海事故官方通报的调查情况，尚未发现道路及设施方面存在缺陷和问题。但是，即便是调查结论发现道路设计、建设和管理存在缺陷或问题，那么，道路相关部门该承担的应是未执行国家标准、规范，未履行相关管理职责等对应的、有限的安全责任，而绝不是“不能保证不出事故”的无限的安全责任。

但是，就在调查组正在调查、研判本次事故是否与道路有关的过程中，有人却一再公开发声，诘问“道路符合标准就安全了吗？”，难道是试图以“道路不能保证不出事故”，这样一个缺乏常识的理由，要把“有限的安全责任”扩大到“无限的安全责任”吗？这显然是非常危险的！

而且，通过网络公开课程等方式，有安全专家已经将“道路符合标准不能保证安全”的公开课程材料，在全国各地的公安交管部门宣讲。试想，如果公安交警均以“无限的安全责任”来处置涉路事故，这还不危险吗？

15.6 为什么多次整治后仍有事故发生

兰海事故发生后，有网友和安全专家大声质问：类似事故路段屡经整治，为什么事故还时有发生？是整改得不够彻底吗？还提出此类整改不能仅在本地区的行业内转圈子！专家的初衷是良好的，可现实恐怕是残酷的。有人说：“这不是第一次事故，恐怕也不会是最后一次啊！”

实际上，对于这个问题，就连一些民众，都已经得出了结论：“问题在于人、车的管理方面，但却一次次把整改的重点放在了道路与设施上！”如果我们继续以“道路符合标准不代表真正的安全”继续坚持“只要有事故发生，就是道路有问题！”“只要发生事故，道路就必须整改”等错误思维，继续捂着一只眼睛，只看到道路和设施，看到不到“人、车和管理”的问题，继续忽略问题的主要矛盾，恐怕这样无效的循环还会继续。

15.7 结语

尽管有专家强调质疑“不是为了追责，而是为了避免悲剧不再重演”，但却一次次在事故调查、追责的过程中急切地的质疑道路，错误地诱导社会舆论。面对一次次因人、车违法、违章直接导致的事故，为什么专家不重点针对“人、车和管理”问题展开质疑和讨论呢？又为什么不在事故调查结论公布之后，再充分发表观点，充分研讨如何防止悲剧重演呢？

从未有人说“中国的道路和标准很完美，所有事故均和道路没关系”。笔者非常赞同结合既往事故情况，对事故路段开展安全性评价和改善，举一反三；笔者也不反对对道路因素进行追责，但强调应首先进行科学的事故致因分析，明确界定道路因素的责任边界，更要依法依规，而不是违背常识、胡乱地给道路扣上“有事必有责”的帽子，让道路“有事必整改”。

笔者也完全赞同学习和借鉴国外成功经验，但是建议在参考国外经验和理念的时候，必须首先充分调查分析中国的实际国情、调查掌握中国安全问题的根结，论证国外经验的适用性。

愿悲剧不再重演。愿人人出行平安。

道路条件未变，限速不能随意改

——谈高速公路限速变化

（2019 年 4 月 4 日）

近些年以来，民众对高速公路限速的要求，可以总结为两点——“从高限速，统一限速”。

高速公路限速为什么不能随意提高？影响“从高限速”的关键因素到底是什么？限速“忽高忽低”的现象是怎么出现的？如何才能彻底消除民众对限速问题的质疑，提高广大用路者的满意度呢？以下笔者谈谈自己的认识。

16.1　支撑并限制车辆高速行驶的因素没有改变

有文章在讨论中提到，道路周边环境改变了，车辆的性能改变了，人民的生活条件改变了，大家对道路通行效率的需求提高了……公路限速为什么不能提高呢？这一系列看似合理的提法，确实能获得不少民众的认同。但情况却不会因为大家的意愿而转移，道路限速也是一样。

汽车之所以能在公路上高速行驶，包括实现加速、减速制动等过程，依靠的是汽车轮胎与路面之间的纵向摩阻力。同时，汽车不能无限制高速行驶、限制车辆转弯速度、影响汽车制动距离，会导致车辆发生碰撞、滑移、倾覆等安全问题。其制约性因素是汽车运动的惯性、离心力以及轮胎与路面之间的横向摩阻力。物理常识告诉我们，这些力与反作用力的根本均在于地心引力，而它并没有改变。

有人说，现代汽车性能发生了翻天覆地的变化。是的，自从汽车这种四轮交通工具被发明以来，人类在汽车方面的发明创造不计其数，包括各类驱动方式、电子装备以及 ABS、ESP、EBD、LCA、AEB 等主动安全系统等等，甚至包括未来不可判定的自动驾驶技术，但是，截至今日，我们不得不承认汽车仍然是通过轮胎行驶在路面上，支撑汽车高速行驶、同时汽车不能无限制高速行驶的控制因素——力与反作用力及其相互关系并没有发生变化。

16.2 道路条件未改，限速不能随意改

为了更好地利用和掌控前述的“力和反作用力”，为了使得汽车能安全、舒适、高速地在公路上飞驰，人们在公路设计和建设时做了很多努力，例如：

为了让驾驶人在随时发现前方障碍物时，能够从容、舒适、安全地停车，避免碰撞，公路尽量采用较大的弯道半径等设计，为每个车道提供对应速度下的视距条件。

为了满足汽车上、下坡行驶能力的需求，公路逢山开路，遇水架桥，桥梁甚至直接衔接隧道，把纵坡控制在一定的范围之内。

为了方便车辆加速、减速与制动，提高行车舒适性，公路苛刻地要求路面既要平整，还要保持一定的粗糙度。

为了保证车辆高速转弯时感觉既平稳又舒适，不会倾覆翻车，公路在不同半径的弯道上设置了对应的超高以抵消离心力的作用。

为了满足驾驶人高速行驶时的安全和心理需求，公路要求每一条车道的宽度不仅大于汽车实际尺寸，还要在车道两侧保留一定的侧向安全净距。

在道路工程专业中，通常把上述内容称为“道路条件”或“道路通行条件”。道路设计原理告诉我们，正是这些道路条件决定了一条公路在不同路段处的最高限速值。例如，一个路段受到地形等限制，视距条件仅满足了原设计速度（80km/h）的视距要求（110m），那么，不可能满足车速120km/h所需要的210m视距要求。如果盲目提高限速到120km/h，驾驶人就可能因为不能及时发现障碍物而导致事故。再例如，当一个弯道的路面超高仅支持最高80km/h的行驶速度时，若限速到120km/h，车辆行驶就必然存在因离心力作用而失控、翻车或冲出路外的风险。

虽然上述道路条件在规划、设计阶段是可以调整修改的，但对于一条既有的、在运营的公路而言，这些控制因素却是难以改变的。那么，既有的平纵几何指标、视距、超高、车道宽度等均未改变（除非实施工程改造），限速又怎可提高呢？

有人问，为什么高速公路不能全部按照120km/h速度进行设计呢？在世界上任何地方从事工程建设，都必然受到当时、当地国家经济和工程技术等综合条件制约。每一条高速公路在设计建设时，必然受到沿线地形、地质、环保、城镇规划，尤其是工程投资等条件制约。而且，从工程全生命周期综合效益最大化角度考量，也没有必要所有高速公路都按照120km/h的速度来设计建设。

至于有媒体上讨论提到的“道路周边环境改变、街道化现象更突出、沿线民众出行需求增加、交通事故记录增加”等类似因素，在实际公路限速方案研究中，恰恰不是从高限速的支撑因素，而是降低限速的影响因素。

16.3 限速“忽高忽低”现象是如何出现的？

公路限速一般基于两种方法体系。

方法一，是之前我国和世界上多数国家采用的基于设计速度进行限速。作为公路几何设计的控制性要素，设计速度是指公路在条件受限路段，驾驶人能够安全通行的最高速度。基于设计速度进行限速的特点是，限速相对统一，变化少。但由于一条公路的条件受限路段往往只是一小部分，因此，有人认为这种限速方法不利于提高公路通行效率。

方法二，是基于运行速度进行限速。运行速度是基于统计规律提出的，一般是指 85% 的驾驶人在路段上通行时不会超过的行驶速度。目前，世界上有部分发达国家在应用和推广运行速度方法。尽管这种方法可以挖掘公路从高限速的空间，利于提高公路通行效率，但由于局部条件受限路段的限速无法提高，必然会出现限速值高低过渡变化的情况。

那么，这些限速变化是否存在“忽高忽低”或“断崖式”限速等不合理的情况呢？笔者相信质疑者只是仅凭自己的感官印象得出关于上述问题的肯定结论罢了。因为，在限速方案研究论证过程中，保持限速相对稳定、尽量减少限速值变化是基本的原则。而且，为不同限速值的变化提供足够的过渡距离，是相关规范的明确要求。例如，我国规范要求，当高速公路从平原区（限速 120km/h）进入山区路段（限速 80km/h）时，速度变化过渡位置应选择在大型构造物或互通式立交前后。以互通式立交前后为例，如果质疑者稍加考察就会发现，这中间的距离一般在 2 ~ 3km 以上，实现不同限速过渡是足够充分、平缓的了。

16.4 如何提高民众对限速的满意度？

对于公路限速的原理与方法，笔者不在此多做讨论，但无论是基于设计速度方法实施相对统一的限速，还是采用运行速度方法实施结合道路条件的分段限速，对于广大用路者而言，出行时遇到高速公路不同限速的变化都是难以避免的，国内外都如此。可如何才能提高民众对限速的满意度呢？

笔者认为学习美国等的做法——在限速管理和执法上回归保障安全的目的，灵活、人性化执法，避免机械地限速执法。例如，在道路条件好、事故少、车辆普遍速度较高的路段，灵活执法，对小型车辆速度小幅提升不予处罚；并应取消这些路段的限速抓拍设施（电子警察）。但对于道路通行条件受限，事故记录较多的路段，则严格限速执法，坚决杜绝超速等行为。

补充说明：本文对高速公路限速问题的讨论，不包括相关部门根据路段交通事故记录等因素，为减少事故风险和危害，临时或后期增设的限速（标志）等情况。

从“死亡之坡”试谈：大货车为什么会失控

（2018 年 12 月 7 日）

图为云磨高速公路避险车道事故

2018 年 12 月 2 日《今日说法》栏目播出了关于云南昆磨高速公路“27 公里死亡之坡”的节目——《守护“死亡之坡”》（以下简称《死亡之坡》）。该节目给人印象最深刻的，莫过于负责该路段的公安交警同志在避险车道（或称为“自救匝道”）末端设置了一个兜网，挽救了多条生命。在认真观看节目后，笔者在赞叹“兜网”创意的同时，也对央视制作的这一期节目感到有些遗憾。

图为云磨高速公路警告标志

图为云磨高速公路避险车道事故

节目在介绍云南昆磨高速公路27公里处“死亡之坡”的路况和大货车事故多发现象的同时，未揭示“死亡之坡”上大货车失控事故的直接和主要原因；未针对同类安全问题，从根本上总结并提出防治措施。作为讲法、普法类节目，多处宣介明确属于违法、违规性质的措施，如货车加装水箱、制动器与轮胎淋水等。

笔者结合早前对云南昆磨高速公路连续下坡安全问题的调研情况，从大型货车制动原理、对大货车制动方式的误解、国内外货车制动与安全性能对比、驾驶人行为分析等多个方面，试着对“大货车为什么会失控？”、在高速公路连续下坡路段“大型货车不能安全通行了吗？”等问题进行讨论。

17.1 对货车制动原理的误解——连续下坡依靠辅助制动系统，而非“刹车”系统

长期以来，很多人包括一些货车司机在内，对大型货车制动系统的结构、原理和使用，存在较多误解或错误认识。首先，大型（重型）货车在连续性下坡路段主要依靠的是持续制动能力，而不是紧急制动能力；而持续制动力来源于辅助制动系统，并不是行车制动器——即紧急制动器，俗称“刹车”。

当大型货车需要保持一定稳定速度连续下坡时，正确的驾驶操作是将挡位调整到“低速挡”，然后开启“辅助制动系统”。即通过利用辅助制动系统提供的持续制动力，使得车辆能够以稳定的速度安全连续下坡。只有在遇到突发紧急情况时，才使用行车制动器——紧急制动器（刹车）进行快速、紧急制动。大型货车紧急制动系统一般采用鼓式制动器，即主要依靠制动鼓和制动蹄摩擦形成制动力。因此，紧急制动器并不能长时间、频繁、连续使用。否则将可能因为长时间的高压摩擦，使得制动鼓和制动蹄过热，导致摩擦力降低，进而逐渐丧失制动效能，导致车辆失控。实际上，在本期节目中车辆轮胎自燃的原因，仍然还是长时间连续制动引起的。

所以，在讨论大型货车下坡安全性和驾驶操作时，我们不能简单地套用和参照小型车辆的驾驶经验和习惯。大型货车连续下坡控制速度的正确驾驶操作是——“挂低挡＋开启辅助制动系统”，而不是简单地频繁使用刹车踏板。

17.2 我国大型货车主要采用什么辅助制动系统？

据调查，目前我国生产和上路运营的大型货车，主要装备的辅助制动系统是“发动机排气制动系统”。排气制动系统，实际上就是在车辆连续下坡时，通过相关技术装备，将本来对外做功的发动机变成了一台对内做功的空气压缩机。如果说，车辆在上坡时，发动机通过在缸体内燃烧油气

对外做功，带动车轮向前滚动，为车辆提供前进的动力，那么，排气制动系统则是在下坡时，通过关闭燃油喷射和发动机排气门等，使得发动机成为一台空气压缩机，在车轮滚动时带动活塞运动，在外力作用下反复压缩空气，最终对车轮向前滚动形成持续的反向阻力。

基于上述制动原理可知：在传动比一定的情况下，排气制动系统所提供的持续制动能力大小，最终取决于车辆所装配的发动机的总排气量。而发动机的排气量与发动机最大功率密切相关。结合笔者前面关于"我国高速公路货运代表车型综合性能"等的调查研究结论，与欧美等发达国家同类车型比较，我国大型货车装备的发动机排气量明显偏小，我国高速公路货运代表车型（六轴铰接列车）的功率重量比只有 5.2kW/t，而欧洲等同类车型却在 8.3kW/t 或者更高。这意味着，与国外同类车型比较，我国大型货车的持续制动能力比国外低约 40%。

17.3 我国大型货车辅助制动系统装备普遍落后于世界水平

据笔者了解，除我国大型货车普遍采用发动机排气制动系统之外，辅助制动系统还有其他多种分类。在欧美发达国家同类型的重型货车上，更多采用的辅助制动系统是：缓速器制动（分为液力和电磁两类）、杰克博发动机制动等。以缓速器制动系统为例，其原理是：在车辆的发动机和变速箱之间（或者变速箱与驱动桥之间）加装缓速器，当车辆在连续下坡时，启动缓速器，通过液力或电磁阻尼方式，为传动轴施加反向的阻力，以阻止车轮过快转动，有效控制车辆下坡时的行驶速度。

由于缓速器制动系统的整体效能不直接源于车辆的发动机排量和功率，因此，缓速器制动系统能够为大型货车提供额外的、持续的制动能力。据调查，在欧美发达国家的重型货车上，缓速器等更先进、可靠的辅助制动系统已经成为标准配置。而在国内，由于车辆制造标准并未强制要求安装、装配缓速器将大幅度提高车辆价格（提高 4 万 ~ 10 万元）等因素，我国大型货车普遍装备发动机排气制动系统。

由于我国大型货车装备发动机的排量和功率较小，且极少装备缓速器等更先进、可靠的辅助制动系统，因此，我国大型货车与国外同类车型比较，连续下坡时提供的持续制动能力低，导致车辆能够连续下坡的速度也明显降低。

17.4 大型货车还能安全连续下坡吗？

根据以上对车辆性能和辅助制动系统的对比，或许会有人产生疑问：我国大型货车还能在连续下坡的高速公路上安全通行吗？还能安全连续下坡吗？毫无疑问：能！肯定能！只要操作正确，合理控制速度，即便不使用辅助制动系统，大型货车也完全可以安全地连续下坡，甚至不受坡长限制。

根据汽车动力学原理，我们知道在车辆的发动机和传动轴之间，均装备一个变速箱。当车辆前进时，驾驶人通过“挂挡”操作，使变速箱实现不同转速比（齿轮比）之间的切换。当车辆上坡时，驾驶人挂入低速挡位，能够给驱动轮提供更大的扭矩和牵引力，但车速较低；当车辆行驶在平直路段时，驾驶人挂入高速挡位，发动机提供给驱动轮的扭矩和牵引力较小，但车速较高。当车辆遇到连续下坡，需要以较低的稳定速度下坡时，驾驶人只需要将挡位调整到低速挡。这时，低速挡能够给车轮提供较大的反拖制动力，从而实现低速下坡的目的。

关于低速挡可以提供较大的反拖制动力，应该是绝大多数货车驾驶人已熟知的常识了。但另一点却值得给货车驾驶人强调：要切换到低速挡，前提是变速箱的主动轮与从动轮具有相同的线速度，即速度同步。也就是说，要挂入低速挡必须在车速较低时操作！当车速过高时，往往无法切换，只能处于空挡滑行的危险状态了。

笔者注意到，在《死亡之坡》节目的一开始，一位被采访的事故车辆驾驶人回忆说：“发现车辆失控之后，首先想到要挂低速挡，可是没有别（挂）住”从这一句可以判断，这位驾驶人非常清楚挂入低速挡不仅可以使得车辆减速，而且采用低速挡是完全可以安全下坡的。由此，我们也可以联想并理解近期“甘肃 11.3 事故”中路段上的一块安全提示标志“五挡夺命，四挡危险，三挡安全”。当前，大型货车普遍设有 12 个前进挡，其中三挡、四挡就是低速挡位（图 1 为手动变速箱结构示意图）。当挂入三挡、四挡时，货车实际行驶速度最大也只能到 40km/h 左右。这时，根本不会存在失控等风险的，因为在挂低速挡下坡时，驾驶人甚至无须踩踏刹车板，不踩刹车板又何来刹车毂温度过高呢？又怎么会轮胎自燃呢？

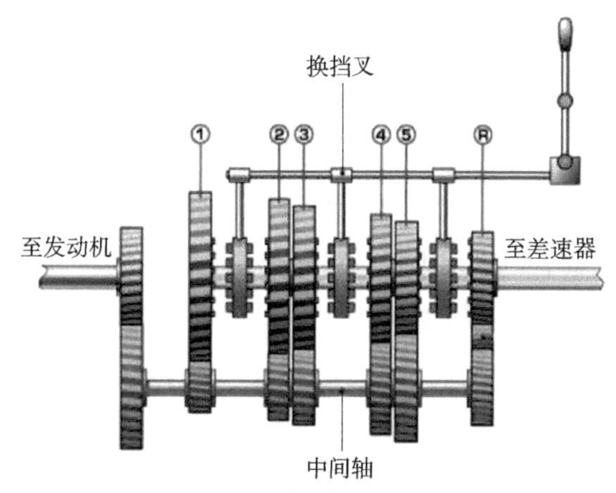

图 1　手动变速箱结构示意图

因此，汽车动力学原理告诉我们，即便是我国货车整体性能低下，持续制动装备落后于国外，但只要合理控制速度、采取正确的驾驶操作，我国大型货车完全是可以安全地连续下坡的。显然，一些人在“甘肃 11.3 事故”讨论中，提出所有大型货车在事故路段上通行均存在失控危险等的说法是毫无根据的。

17.5 为什么有驾驶人不使用辅助制动？

笔者对全国十余处典型连续下坡路段的货车失控事故的调研发现，几乎在所有连续下坡车辆失控事故中，均存在驾驶人超速、超载、违章操作等情况。包括“甘肃 11.3 兰海高速事故”路段，也包括云南昆磨高速公路，均是如此。而这一情况，才是引发车辆失控最主要的直接原因。但在《死亡之坡》节目中，忽略了这一重要问题，忽视了对导致此类事故直接原因的调查和分析。

关于超速、超载等违法行为，无须解释说明。上面提到的违章操作，则主要指驾驶人在连续下坡过程中未按照规定使用辅助制动系统、未合理控制速度，甚至还有驾驶人采用空挡滑行下坡的案例。那么，既然车辆装备了排气辅助制动系统，既然驾驶人明知挂低挡可以有效控制车速，那为什么还有驾驶人不正确操作和使用呢?

根据调查，主要是因为有的驾驶人希望以较高的速度快速下坡，而使用排气制动系统和挂入低挡位，都只能以较低速度行驶（如 60km/h 以下）。另外，还有驾驶人误解认为使用发动机排气制动会对发动机造成损伤等。于是，有人存在侥幸心理，或者对路况判断有误，或者过分相信自己的驾驶经验和技术 ...... 冒险不使用辅助制动系统，不使用低速挡，甚至为了省油采取空挡溜坡。于是，才有了《死亡之坡》节目开始时驾驶人的对话——直到发现失控时，再想到要挂入低速挡已经晚了。

17.6 中国公路连续纵坡大吗?

在《死亡之坡》节目中，记者类比“连续 27 公里，高差相当于一个泰山了！”估计这位记者没有乘车去过拉萨吧，无论是滇藏公路，还是川藏公路，一路上上下下，几十个泰山的高差哪里还在话下？对于有人质疑公路纵坡、公路标准不够安全，笔者仅提供 3 点事实给大家参考：

① 无论是单一坡度 / 坡长，还是连续性坡度 / 坡长，无论是国内还是国外，都可以找到比“甘肃 11.3 兰海事故”路段 17km、昆磨高速 27km 更长、更陡的案例。

② 在世界范围内，道路纵坡指标都是从车辆上坡爬坡能力的角度提出的，当前全世界有且仅有中国最新公路路线设计规范专门对高速公路连续

下坡进行了限制要求。而研究增加这一指标，完全是为了主动应对大型货车性能显著降低而引发的车路协同矛盾。

③ 与欧洲等允许“特例设计”比较，中国公路项目设计严格执行标准规范，极少出现突破标准规范的现象，纵坡控制更严格、更偏于安全。

17.7 节目是在鼓励违法改装吗？

在《死亡之坡》节目中，多处提到了给车辆加水、给制动毂淋水等情况。据笔者所知，给车辆加装水箱属于违法改装，给制动毂淋水有安全隐患。

尽管在很多情况下，采用加装水箱、给制动毂淋水、包括在高速公路路侧设置降温池等“土方法”，可以起到给制动毂降温的作用，但是我们必须认识到，这些措施不仅不可靠，而且还存在其他安全隐患。首先，车辆制动毂等材料，并不适合于频繁的高温、再冷却的过程，会导致其疲劳、龟裂。其次，加装的淋水装置可靠性差（图 2），难免会出现缺水、堵塞、淋水位置不固定，不能正常发挥作用等情况（节目中就有类似问题引发的事故案例）。特别是，制动器淋水还会导致路面湿滑和结冰等问题，给道路通行带来新的安全问题（尽管云南结冰情况较少）。关于集中性的降温池，最早曾在北京八达岭高速公路等项目中出现，但后来均因为难以及时更换废水、造成环境污染等问题，而被统一取消了。

图 2　某改装的制动器淋水装置

17.8 安全的悖论——总是试图以设施和技术，解决管理上的问题

结合云南昆磨高速在防治事故方面所做的诸多努力、采取的多种措施，笔者想再次强调：避险车道、网兜、制动器与轮胎淋水等设施和措施，都仅仅只是在事故发生时，能够有效降低事故危害的被动性防护措施，并不能从根本上预防事故发生。而且，这些设施本身，受到各方面的条件限制影响，并不能完全、理想化地发挥作用。

试问，连续下坡时正确驾驶操作，大货车会失控吗？不会！系上安全带，驾驶人还会被甩出车外吗？不会！如果系上安全带，网兜还有用吗？……笔者认为，我们不应总是希望依靠设施和技术，去解决人和车管理方面的问题，最终在道路和设施方面做了很多，但却总是事倍功半！“甘肃11.3兰海高速事故”路段与云磨高速27公里连续下坡路段的情况，不正是如此吗？

安全系统工程理论告诉我们，遏制事故、保障安全生产最重要的、最有效、最根本的工作是事故预防！而事故预防的重点是对“人”和“物”的不安全状态的管理，但归根结底都是对“人”的管理！因此，相关部门和《死亡之坡》等类似节目应更多调查并揭示事故发生的直接和主要原因，暴露引发事故频发的深层次问题，从而准确把握影响事故的关键矛盾。

长下坡危险路段排查，别再念歪了经

——驳“公安部发布全国十大事故多发长下坡路段”

（2018 年 12 月 17 日）

2018 年 12 月 14 日，公安部在其微信平台发布了“全国长大下坡危险路段排查整治”的信息。发布信息内容可以概括为以下几点：

① 本次排查的依据是《公路路线设计规范》（JTG D20–2017）（以下简称《规范》）中的平均纵坡与坡长指标；

② 共排查出平均纵坡较大且连续坡长超过极限值的长大下坡危险路段 1026 处，其中高速公路 136 处，普通公路 890 处；

③ 上述路段自开通之日起累计发生事故 2.4 万起，造成 6400 人死亡。同时，还发布了全国累计死亡人数最多的 10 处长大下坡路段及其位置等信息。

笔者注意到，公安部发布“十大事故多发长下坡路段”之后，引起了许多民众的关注。各地公安交管部门纷纷效仿，也陆续发布各辖区内的十大危险路段。有民众惊呼：“啊？怎么我们国家修了这么多不符合规范、不安全的公路？”

基于笔者曾参与我国《规范》修订与配套科研等工作，笔者在对上述信息研读后发现：公安交管部门开展的长大下坡危险路段排查整治工作存在排查引用规范错误，而且危险路段研判方法不科学、不严谨等问题。

18.1 《规范》并没有与普通公路下坡安全性相关的平均纵坡指标，如何界定全国890处普通公路长大下坡危险路段？

上述公示信息中明确，排查判定的依据是《规范》，但笔者认为，我国公路路线标准规范的历次版本中，均没有与普通公路下坡方向安全性相关的连续性纵坡/坡长或平均纵坡的指标要求。《规范》给出的适用于普通公路设计平均纵坡指标（如第8.3.4条等），完全是从上坡方向保证基本路段通行能力和服务水平的角度提出的。换言之，《规范》仅对上坡方向的纵坡指标提出了要求，目的是为了货车在上坡路段通行时，能够保持不低于特定速度连续上坡行驶。因此，该指标与下坡方向的安全性、与当前连续下坡多发的货车制动失效等情况之间，并无半点关联，更不能以此作为排查连续下坡安全性的依据。

尽管在《规范》第8.3.4条中提到"连续上坡或下坡路段"等字样，但只是因为对于普通公路（二、三、四级公路）而言，由于均采用整体式路基断面形式，即上坡方向和下坡方向处于同一路基断面和纵坡条件上，这样，对上坡方向的指标要求也就同时约束了下坡方向。

实际上，全世界（包括北美、欧洲、日本、澳大利亚等地区和国家）公路标准规范均是如此。其原因很简单，在合法合规的前提下，各类汽车能够安全下坡的坡度条件，远远大于车辆保持一定速度上坡时的坡度条件。因此，在各国的公路设计中，所有纵坡指标均是针对上坡方向而言的，下坡方向并不起到控制作用。

笔者想要了解，相关部门到底依据什么，界定全国普通公路有890处为长大下坡危险路段的？是依据《规范》中关于上坡方向的平均纵坡指标吗？那显然就属于错误引用规范。由此得到的排查界定结论，自然也是不科学的。

18.2 《规范》高速、一级公路提出的连续长、陡下坡平均纵坡指标，仅适用于新建项目，并不适用于既有高速公路。

我国《规范》在对高速公路车型组成、货车代表车型——六轴铰接列车的综合性能进行专题试验研究的基础上，以相对不利的工况条件（发动机制动模式下），以代表车型在合法驾驶、保持合理速度连续下坡为前提，通过对六轴铰接列车下坡运动方程和制动毂温控模型等的研究， 提出了高速公路和一级公路连续长、陡下坡的平均纵坡指标（第 8.3.5 条）。并确定以此，作为指导我国今后一定时期内新建山区高速公路项目连续纵坡设计的推荐性指标。

前文已提到，截至今天，仅有我国《规范》首次提出了高速公路连续长陡下坡的平均纵坡指标，其目的是为了主动缓解由于大型货车综合性能降低带来的车路协同矛盾（上坡速度过慢、下坡存在一定安全风险），仅仅用于指导新建公路项目的设计，并不适用于既有公路，更不应作为评价或界定既有某一段公路是否存在安全隐患、是否属于危险路段的依据。

另外，众所周知，道路设施一旦建成，必然会长期静止在那里，除非实施改建或扩建工程。但是，标准规范却是在不断发展、更新的。不同时期国家经济、技术发展条件不同，车辆组成和性能条件等也是不同的，而国家和民众对安全的认识也是不同的，自然地，指导不同时期公路设计建设的技术政策、标准规范也是不尽相同的。因此，实际上，道路与设施跟不上标准规范的发展变化，是全世界各国均存在、并且公认的客观实情。也从来没有哪个国家能做到，随时按照新标准对道路和设施进行实时改造和更新。

因此，世界上没有国家会简单地、以新标准规范去评价旧路、旧工程是否满足新的安全要求、是否满足新的环保要求、是否满足某个新的理念等等。因为这是违背事物发展（道路工程建设与管理）的客观规律的。

18.3 《规范》对高速公路的连续长、陡下坡平均纵坡指标，仅属于一般性推荐，并非必须执行的强制性规定。

为了便于应用、操作，我国公路标准规范的条文，一般可分为两大类：一类是涉及安全、环保、功能发挥等方面的强制性条文，即必须严格执行、必须满足的指标等；另一类是在确保安全等前提下，可以结合工程地形、地质等情况灵活运用的推荐性条文，此类条文一般是为了更好地指导设计、有利于节约工程规模、提升公路建设综合品质、更好发挥项目和路网功能。

为了辨识，规范在“程度用语”一节中，专门解释了强制性与推荐性的差异。程度用语采用“必须”“不得”“严禁”时，为必须执行/满足的强制性条文。而“应”“不应”则属于明确推荐性的内容，即只有在特殊条件下，经过专题论证才能突破/采用的指标；而“宜”“不宜”等，则是一般推荐性的内容，即有条件时推荐采用，条件受限时也可以不采用。这里涉及的高速公路连续长、陡下坡的平均纵坡指标，程度用语为“宜”，即一般性推荐指标，并非强制性、必须执行（满足）的指标。而且，在修订时曾明确，当今后我国货车代表车型的综合性能提升后，这一指标就应该被取消了。

笔者了解，该条文之所以采用“平均坡度与连续坡长不宜超过”；“超过时，应”的表达方式，并且刻意使用了“超过时”等用词，其目的正是为了防止有人生搬硬套，简单地以该指标作为界定路线方案的安全或者不安全的情况。对该条文的完整、准确理解应该是：如果平均纵坡未超过，是符合规范的；如果平均纵坡超过该指标，且对应通过交通安全性评价，采取了必要交通组织与管控等措施，也是符合规范的。而不是公示信息中的错误理解。另外，《规范》也不存在什么“连续坡长极限值”指标，无从谈什么“超过极限值”。

18.4 研判道路隐患，界定危险路段，必须以事故统计和致因分析为依据。

对于既有的、在运营的公路项目而言，要研判道路是否存在隐患，要判定某个路段是否属于危险路段，除了核查道路及设施是否满足其建设时采用的标准规范，调查掌握该公路或路段既往的事故记录，最重要的是需要基于事故致因理论，进行事故统计与事故致因分析。尤其是分析确定每一处排查路段所发生的事故中，人、车、路、环境、管理等因素与事故发生、事故危害程度等之间的因果关系。

事故统计与致因分析结论是国内外公认的研判道路因素与事故关系、判识道路隐患的主要依据。但很可惜，在公安部的历次“全国十大事故多发路段发布”中，却从未公布过相关情况与结论。那么，仅凭是否符合《规范》来研判是否属于长大下坡危险路段、确定是否应该进行整治，显然缺乏依据，是不科学、不严谨的。

笔者疑惑，相关部门为什么不以直接事故统计和事故致因分析报告、结论等，作为研判危险路段的依据，却要错误地引用公路规范的设计指标作为依据呢？为什么我们不能像世界上很多国家一样，公开发布、共享所有道路上的事故资料和数据呢？或许，正是由于事故资料不能公开共享，也间接制约了我国道路交通安全领域的相关研究，导致在相关领域长期存在关于事故与道路因素关系的争论。

另外，在国际交通安全研究领域，描述一条公路或路段的交通安全度时，通常采用的“交通事故率”作为通用、规范化、可对比的评价指标。而在上述公开发布信息中，却只罗列了事故的累计数字，如某路段自开通以来累计发生事故造成的死亡人数。那么，通车 20 年和通车 2 年的所发生的事故累计数字之间，又怎么能相提并论呢？每天通行 5 万辆车和每天仅通行 5 千辆车的公路事故数，同样没有可比性呀？以这样简单的事故累计数字进行排序，得到“全国十大事故多发路段”的意义，又在哪里呢？

18.5 结语

综上所述，笔者认为，对公路连续长陡下坡问题的筛查，是应该考虑道路纵坡指标等条件，也可以把是否符合规范指标要求作为筛查的条件之一。但是，以《规范》的指标作为研判标准，界定连续性下坡是否属于安全隐患或危险路段，显然是对《规范》的错误理解和错误引用，背离了规范指标条文的适用条件和范围，因而，据此排查、界定得到的结论必然也是错误的。而且，以新编或新修订的标准规范，评价界定既有道路和工程的安全性，也是违背工程建设的客观规律的，是不严谨、不科学的。笔者强调：对既有公路安全隐患的排查和界定，应该充分结合既有事故统计分析成果，尤其是事故致因分析的报告与结论。

最后，笔者呼吁：交通安全是全世界尤其是我国等发展中国家面临的重大课题，也是影响国计民生的大事。相关部门应该以严谨求实的态度，以专业科学的技术方法排查和研判危险路段，才能据以提出具有较强针对性的综合防控措施，而不是错误地引用设计规范，简单地罗列、对比事故累计数字等。

同时，笔者呼吁相关部门应该主动共享道路交通事故数据、资料，促进各领域共同研究，齐力破解我国交通安全问题。

防止桥梁间隙“吃人”事故，增设防落网真的可行吗

（2019 年 2 月 15 日）

高速公路桥梁间隙

2019 年 2 月 10 日春运期间，岳武高速安徽安庆段再次发生司乘人员误入高速公路桥梁间隙后坠桥身亡的事故。于是，在网络上，连续出现了关于高速公路“桥梁缝隙吃人”和相关防治措施的报道和讨论。有安全方面的专家开始质疑道路建设与管理单位不作为，未及时给所有类似桥梁安装防落网，甚至还较为详细地提出了如何设置防落网、防落网的设置结构、形式等建议，得到很多网友的认同。

高速公路桥梁间隙变化

对于以上安全专家们的建议，尽管其出发点是为了避免坠桥事故发生、是为了安全，措施也看似合理且人性化，但笔者认为，判断增设防落网是否是恰当、稳妥的应对措施，需要全面考虑并清晰界定以下几方面问题：

19.1 翻越护栏到对向车道，是正确的避险措施吗?

从安全专家提出建议的初衷来看，给高速公路桥梁间隙设置防落网的目的之一，是在紧急情况下，鼓励司乘人员通过翻越桥梁中央分隔带护栏，撤离到对向车道一侧去避险。那么，这种避险措施可行吗？正确吗？有高速公路驾驶常识和经历的人士都知道，在高速行车的过程中，人忽然从中央分隔带出现意味着什么？此行为等同于自杀！

何况，相关文章已经分析到：此类紧急情况一般发生在大雾、冰雪等恶劣气象条件之下。当高速公路一侧处于恶劣气象条件之下时，相隔几米的另一侧必然也同样属于“能见度差”的通行条件。这时，鼓励司乘人员贸然从中央分隔带进入高速公路另一侧的对向车道（无论是在路基段落还是桥梁段落），必然同样导致严重的事故发生，甚至引起另一侧发生连环碰撞事故。若真如此，设置防落网、鼓励司乘人员翻越护栏到对向车道，发生事故之后责任又该如何处置、界定？

19.2 桥梁间隙是否真的具备作为紧急避险空间的条件?

安全专家建议给桥梁间隙设置防落网的另一目的——是鼓励司乘人员在紧急情况下，来到桥梁间隙避险，即将高速公路桥梁间隙或中央分隔带的空间，作为紧急情况避险的空间，甚至有人提到“中央分隔带是唯一可以预防二次事故进行安全避险的地方”。而两侧貌似有护栏保护的桥梁间隙，是否真的具备作为紧急避险空间的条件?

首先，估计安全专家并不掌握一个护栏设计的知识点，高速公路护栏包括桥梁护栏，在受到车辆撞击时，是允许发生一定的变形和位移的。部分桥梁护栏采用刚性混凝土护栏，在撞击时设计变形和位移较小，但并不是所有桥梁都采用刚性护栏。相关专业规范要求，高速公路桥梁路段设置的护栏，其在设计条件下（一定的碰撞角度和碰撞能量下）的最大变形，甚至可能会达到50cm。而在非正常情况下，护栏的变形和位移可能会更大（对防落网设置的讨论，不正是基于非正常情况的吗？）面对如此大的护栏变形、位移的可能，安全专家们还要建议将桥梁护栏间隙作为避险空间吗？如果出现司乘人员在桥梁间隙内被撞击、挤压，又该如何解释呢？责任如何界定呢?

其次，整体式断面的高速公路桥梁间隙并不是规则的，从几十厘米到几米的宽度不等。因此，仅从宽度上看，很多高速公路路段上的桥梁间隙，就不具备作为紧急避险空间的条件。在山岭重丘区地形起伏较大路段，为了更好地适应地形变化，减少开挖高度和桥梁高度，高速公路会大量采用分离式断面形式。尽管高速公路上下行方向平面位置可能非常贴近，而采用分离式断面时（图1、图2），两侧桥梁的边缘高程却可能是在连续变化的。试问，此时又该如何设施防落网呢?

如果要设置防落网，将其作为紧急避险空间，就必然要对其进行维护和更换，确保其长期、稳固、合理的避险条件。笔者在这里且不讨论由此引发的材料费用和长期维护成本问题，只讨论这个措施是否应该长期执行下去。就目前发生的同类事故而言，事故发生的一个关键原因，是由于一些人员不掌握桥梁间隙情况，违规翻越，误入导致的。而以后，随着高速公路和安全行车常识的普及，不再出现司乘人员试图翻越桥梁护栏的情况时，那么，全国如此大量的防落网设施又该如何处置呢？是长期维护下去吗？如果不维护，万一再出现事故，又该如何应对呢？

图 1　我国某高速公路桥梁

图 2 高速公路分离式桥梁

19.3　桥梁护栏是否具备翻越的条件？

安全专家们在建议给高速公路桥梁间隙（中央分隔带护栏内）设置防落网时，是否考虑到，桥梁护栏具备供一般人员翻越的条件吗？笔者了解，高速公路桥梁护栏会根据桥梁结构和距水面距离等危险程度不同，采用不同的结构和形式，但一般是高于路基段落护栏的。当采用混凝土护栏时，其高度一般会在 1.1m 以上，且内侧多是陡立的斜坡面；而当采用金属梁式护栏时，其高度一般会在 1.3m 左右，甚至超过 1.4m。

桥梁护栏对于一般司乘人员而言，并不具备翻越的条件。除年轻力壮、身体灵便者之外，老人妇孺想要翻越桥梁护栏，绝对不是一件容易的事情。毕竟，高速公路护栏在设计时的主要目的，是在被车辆冲撞时发挥阻挡、缓冲、导向等功能的，并没有考虑到人员翻越的需求。

试想，在需要紧急撤离避险的时刻，身强力壮者翻过护栏，而老弱妇幼却翻越失败，甚至仓皇间从护栏顶滚落回到车道……如果出现二次事故，又该如何处置呢？或许，那一刻又会出现转而批评高速公路设计建设方面的声音，如“既然提供桥梁间隙作为避险空间，就应该为人员翻越、避险提供便利的条件”等。

19.4 首先应该研判此类问题是否属于工程设施应该考虑的工况条件

现在，很多人关于防落网设置问题的讨论，仅仅只是从防止人员坠落事故的表层展开的。其逻辑是这样事故已经出现多次了，而且事故造成较多伤亡，因此，应该通过设置防落网等措施予以避免。而讨论此类问题，不能只简单论述事故数量的多少、事故损失的大小，而必须首先分析、讨论此类情况是否属于工程设施设计应该考虑的工况条件，是否应该纳入设计防范的范畴。

如果经过分析论证，确定此类情况属于工程和设施设计应该考虑的工况条件，属于设计应该防范的安全范畴，那么，就不应该只是简单的增设防落网措施，还应该配套提供司乘人员可以快速、安全进入这一避险空间的便利条件，并确保如何长期、稳固提供避险条件等等……但是，如果分析、论证此类情况并非工程和设施设计应该考虑的工况条件，那么就根本无须讨论设置防落网，更无须讨论设置防落网的形式和结构了。

根据笔者了解，无论是我国还是世界上其他国家，高速公路均是专供汽车、高速通行的专用公路交通系统。除服务区、休息区等设施内部，高速公路在基本路段包括桥梁在内，均是不考虑行人的通行需求的。即行人是不允许在高速公路上通行和穿越的，更不允许穿越桥梁。因此，行人穿越、翻越根本不属于高速公路桥梁和结构等设计上应该考虑的工况条件。

有安全专家把轨道交通系统中“列车与站台的间隙（图3）”与这里的“桥梁间隙”相提并论，并以前者通常设置移动踏板等设施，类比提出应该在桥梁间隙增设防落网。其实这两者是完全不同性质的情况。列车与站台之间的间隙，是所有乘客上下车时都必须跨越的，属于轨道交通系统设计的正常工况条件，而这里的桥梁间隙本来就是不考虑也是不允许司乘人员翻越的，并非设计应该考虑的安全防范范畴。两者毫无可比性。

图3　列车与轨道的间隙

19.5 结语——应警惕“重设施、轻管理”的错误导向

毋庸置疑，大家关于此类事故的讨论是积极而有益的，一些安全专家提出在桥梁间隙设置防落网的出发点也是积极的、正面的，其目的是为了防止此类意外事故再次发生。但作为道路交通系统中的一个重要组成部分，道路及设施紧跟实际交通与安全需求，是必须不断进行改进和完善的。但改进和完善却应该基于系统而全面的理论体系，基于客观、明确、正确的工况条件。

应该高度警惕我国当前在交通安全管理中存在的“重设施、轻管理”的惯性思维与错误导向，每每遇到涉及安全的事故和问题，就一味地增加工程或设施，一味地寄希望于通过设施防止因人的不安全行为而导致的安全风险。恰恰忽视了从根本上消除问题隐患的举措，即加强对交通参与者（人、车）的教育和管理，通过宣传教育让广大司乘人员了解桥梁间隙危险，严格要求，按照相关法规进行事故处置救援；通过加强司乘人员和车辆管理，杜绝发生行人随意进入、穿越高速公路等各类不安全行为。

高速公路桥梁采用上、下行独立设计，既是桥梁结构设计的需要，更是优化设计方案、提高通行安全性、降低工程造价的有效措施。这一做法不只是中国如此，世界上很多国家均是如此。在此作者希望有熟悉国外情况的专家、学者，能对此加以说明，国外是如何应对的？

综上，对于“桥梁间隙吃人事故”，我们要做的是加强对司乘人员安全和守法意识教育，杜绝人员翻越情况出现，而不是“以生命最大”为理由，甚至实施道德绑架，毫无根据地增加防落网等工程设施。当因恶劣气象条件发生交通事故时，司乘人员应该按照我国《道路交通安全法》的规定，首先在事故车辆前后设置警示，然后迅速转移到右侧路肩上或者应急车道内，迅速报警，而不是随意翻越桥梁护栏，进入对向车道或进入桥梁中央分隔带间隙。

道路隐患的排查治理不能“指鹿为马、先判后查”

——对高速公路安全隐患排查治理的几点认识

（2019 年 1 月 13 日）

近期，继发布“全国十大事故多发路段”“全国十大事故多发长下坡路段”之后，笔者研读了相关高速公路安全隐患排查指导性文件（以下简称《文件》），惊觉其中出现了典型的“指鹿为马、先判后查”的现象。

相关文件对道路安全隐患的定义是不准确的，界定标准缺乏依据，对相关标准规范的理解引用亦不正确，故此撰文阐述自己的一些认识和看法，希望对客观认识道路安全问题，对我国交通安全排查治理有所贡献。

20.1 对“道路安全隐患”的定义及界定，存在概念性错误

如何定义、界定道路安全隐患，是该《文件》的关键性内容。可笔者认为，该《文件》关于道路安全隐患的定义和界定标准，存在明显的概念性错误。

以下是该《文件》第一部分中对“道路安全隐患”的定义：“是指公

路本身存在影响行车安全的因素，通过分析交通事故多发原因确定的未来极大可能再次引发交通事故的公路安全隐患路段，多表现为部分急弯、陡坡、连续下坡、视距不良、路侧险要等路段。”笔者认同“应是公路本身存在影响行车安全的因素”，但认为定义的后半句则是片面的。

首先，某一路段事故多发或相对集中，并不代表着公路本身一定有隐患。只有通过对该路段交通事故的致因分析，发现这些事故与公路基础条件存在一定的因果关系时，才能认定该路段存在安全隐患。交通事故与人、车、路、环境、管理等综合因素相关，不能仅仅以事故数多就认定道路存在隐患。

其次，该定义后半句提到的“急弯陡坡、连续下坡、视距不良、路侧险要等路段”并不属于道路安全隐患的一般性表现。这些只是对道路基础设施条件的客观性描述，只是说明与一般平原地区比较，这些路段受到山区地形、地质条件或其他客观因素的制约，所采用的技术指标可能低于其他路段。如：弯道数量可能更多、半径可能更小一些；纵坡可能更险、更长一些；视距条件可能没有平直路段那样好走。而“路侧险要”只是对公路外侧可能存在邻崖、临水、高边坡等情况的客观描述，与该路段本身的安全通行条件并无直接关联。

认为隐患路段多表现为“急弯陡坡、连续下坡、视距不良、路侧险要等路段”是长期以来就存在的一种对公路基础条件的错误认识。实际上，这一认识来源于另一个更深层次的理解错误——公路采用了低限指标就意味着降低了安全性。对此，前文《公路采用低指标就降低了安全性吗？》中，做了较为详细的解释和纠正。

无论公路路段是否存在“急弯陡坡、连续下坡、视距不良、路侧险要等”等情况，但只要这些路段的公路设计（包括所采用的技术指标、安全设施等）符合标准规范中对安全性的要求，那么在行驶车辆合法合规、正常通行的条件下，这些路段就是可以保障车辆安全通行的。不能简单地把“急弯陡坡、路侧险要等”与“道路安全隐患”画上等号。这些客观描述不是公路存在先天不足的代名词。

20.2 对“安全隐患路段”的界定标准缺乏依据

《文件》明确给出了界定道路安全隐患路段的标准——以特定路段（500 ~ 1000m 范围内）在一定时间内（1 年内）发生的事故数达到某个数量（如：1 年内发生 2 起一般性事故或 1 起较大事故）作为判断安全隐患路段的标准。该《文件》提到道路安全隐患“是在既定计量时间周期和路段范围内，剔除酒驾、毒驾、车辆故障等事故数据后，发生的交通事故数量与该高速公路其他位置相比明显突出的路段，符合下列条件的路段确定为安全隐患路段。”笔者认为，该《文件》对安全隐患路段的界定标准，缺乏依据和支撑，存在以下问题：

① 在研判道路隐患时，只依据特定路段内发生的事故数量，却没有考虑事故具体致因是否与道路因素有关，道路因素与事故之间是否存在明确的因果关系。

② 在研判隐患路段时，明确提到应剔除酒驾、毒驾和车辆故障引发的事故。笔者认同此点，由酒驾、毒驾和车辆问题引发的事故直接和主要原因并不在于道路设施方面。但这里只剔除了酒驾、毒驾和车辆故障引发的事故，而没有剔除因疲劳驾驶、超速超载等其他人、车违法、违章因素引发的事故。剔除或者不剔除某一类事故的依据没有明确，笔者认为疲劳驾驶、超速、超载等也属于违法违章的范围。

我国交通事故绝大多数是由于人、车的违法、违章因素导致的。如果剔除这些事故，那么剩余的可用于研判道路安全隐患的事故数量，近乎为零。

关于这一点，有很多公开的资料和信息。2016 年公安部发布的事故统计资料显示，我国道路交通事故直接原因分析中，人的因素占 91.8%，车辆因素占 7.2%，而道路及环境等因素约占 1%。近日，北京市交管局的一份研究资料提到：通过追踪调查发现，每起交通事故背后都存在不少于一种违法行为；每起重大交通事故背后都存在一种或多种严重违法行为。而且，违法行为越多、程度越严重，发生事故的风险越高、事故损害程度越大。

如果回顾近年来我国发生的各类重大道路交通事故，又有哪一期不是因为严重的人、车违法、违章因素直接导致的。

20.3 研判道路隐患的过程存在程序性错误

《文件》对道路隐患的排查及界定的过程，存在程序性错误。如果把通过调查、分析研判道路是否存在安全隐患的过程，比作一个案件的调查取证、审判定罪的过程的话，那么该《文件》对道路隐患的排查界定过程（图 1），就属于“先判后查”即“先判定嫌疑人有罪，再开始调查取证”。

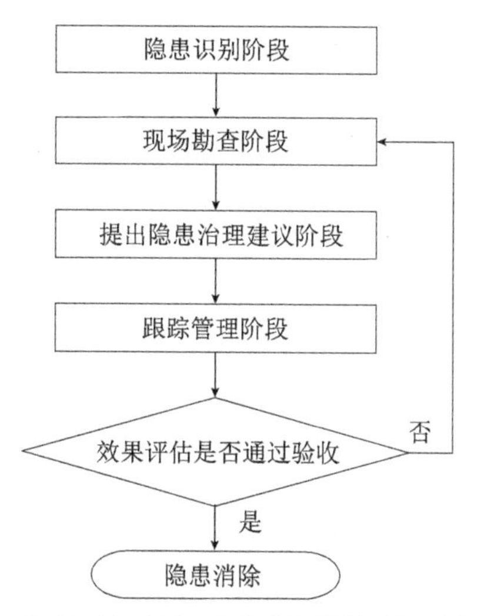

图 1　该《文件》中列出的高速公路隐患排查治理流程

该《文件》明确，先是根据某个路段所发生事故数量的多少，判定该路段属于安全隐患路段；然后，再以相关公路标准、规范等为依据，分专业、分模块对照排查该路段到底在哪些地方不满足规范标准。在判定隐患路段之前，没有先调查分析事故是否与道路因素有关，也没有先明确事故与道路的哪些问题有关。

实际上，这种“先定罪，后调查取证”，在既往对一些重大事故的调查追责中，也存在类似的情况。

20.4 对公路基础设施条件等的核查方式和方法是不合适的

该《文件》的主要内容，是分专业、分专项地逐项排查道路设计、建设、管养等是否存在不符合相关规范指标和要求的情况。其中大量的内容是对道路基础条件、技术指标、交安设施等的规范检核。而实际上，这些大量篇幅的检核内容恐怕是毫无实际意义的。

例如图2所示，该《文件》给出了使用皮尺、水平仪、测距仪等手持式测量仪器对道路弯道的半径、转角、超高、加宽等指标进行核查的方式和方法。

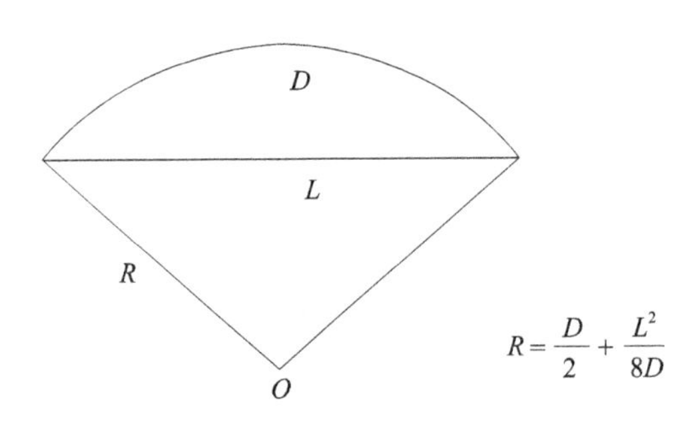

图2 该《文件》中提出的弯道半径简易测量示意图

具备工程测量专业知识的人士可以知道，使用低精度的仪器设备和近似的测算方法，去检核按高精度要求设计、施工、验收的实际工程是不合适的。对于高速公路而言，圆曲线半径常常为数千米，圆曲线长度可能达几千米等。没有人能够在道路现场凭眼睛识别出弯道、纵坡的起终点位置，更无法识别出缓和曲线与圆曲线的衔接位置、竖曲线起终点的位置。那么，又怎么能检核弯道的半径、纵坡坡度与长度呢？如果只是近似的检核，那检核的必要性又在哪里呢？

按照我国公路工程建设程序，一条高速公路从立项、工程预可行性研究、工程可行性研究、初步设计、施工图设计到施工建设、竣工验收等，需要经历十余个环节。而在这一过程中，任何一条高速公路建设项目，必然经历从部委、省市等多个不同层次的专业化审查、评审、验收关卡。如果掌握了这些情况，恐怕没有交管人员会认为以非专业的认识、装备和检核方法，去检核高速公路还有什么实际意义了。

20.5 多处错误理解和不恰当引用规范

在公路所采用的技术指标和参数中，有部分指标是与行车安全密切相关的，例如：与设计速度（或限速）对应的视距、超高等。但还有更多技术指标、参数等，并不能直接影响行车安全，而是为了保证公路发挥必要的交通和服务功能，为了保证路基和结构等的稳定性，甚至有的是为了保障更好的驾乘舒适性等等。但笔者认为在该《文件》中存在多处错误理解规范，没有正确认识公路指标参数与行车安全关系，错误地把所有指标、参数、要求均当作会影响行车安全的指标对待。

例如，该《文件》中提到要对高速公路的车道宽度、右侧硬路肩宽度等进行实际测量检核。当发现这些宽度小于原设计值或规范值时，认为“容易引发车辆侧面碰撞”。当高速公路车道达到3.5m及以上时，无论是3.5m、3.66m或者3.75m，并不会对行车安全等产生任何影响。因此，同样是设计速度120km/h的高速公路，日本车道宽度较多为3.5m，美国则为3.66m，而我国采用3.75m的车道宽度。所以，在高速公路一般路段上，即便是车道宽度出现小于3.75m的情况（在一定范围内），也并不会对行车安全产生不利影响。我国的建设程序决定了，不会出现高速公路车道宽度不足并影响到交通安全的情况。

我国规范要求高速公路右侧硬路肩宽度一般情况下采用3.0m，是根据大型货车停靠的需求确定的，但当右侧硬路肩小于3.0m（大于1.5m）时，根据试验研究，其影响的主要是路肩上紧急停车等功能，不会对车道上车辆的正常通行产生不利影响。因此，标准规范才允许交通量较小的高速公路，可以设置1.5m的右侧硬路肩宽度，通过增设港湾式停车实现临时停车等功能。

经笔者核查，该《文件》及其附件中对公路路线设计规范存在大量错误理解和引用的现象。除了前文提到错误将适用于上坡方向的纵坡指标，应用于研判下坡方向安全性之外，更有多处将公路路线设计规范中的一般推荐性条文（或指标），错误当做强制性条文（或指标）引用。事实上，规范中大量的推荐性条文（或指标）是从更好发挥公路功能，更好适应不同地区地形、地质等建设条件，或有利于节约工程规模，或是从施工与维护等需要角度提出的。这些推荐性条文（或指标）并不会直接影响行车安全性，甚至与行车安全毫无关联。

20.6 结语——对排查治理工作的几点建议

笔者认为，任何时候排查、治理道路安全隐患都是必要的，也支持相关交管部门展开排查，提出治理措施。只是建议应充分结合我国工程建设实际情况，充分考虑我国交通安全事故特征，避免“先入为主、指鹿为马”等情况发生，同时，应将排查的重点放在与行车安全性直接相关的因素方面、放在实际交通特性变化与既有道路基础条件的匹配关系上。在高速公路建设运营多年之后，实际交通量、车型组成、车辆综合性能、路域环境、交通组织需求等可能会与建设期不一样。那么，从实际交通特性变化和交通安全管理等出发，评估既有道路基础设施条件等是否适应这些变化，是非常有必要的。

交通事故与公路几何线形的相关性研究

到2017年末，我国公路通车总里程达到477万公里，总规模跃居世界第一。然而，随着中国经济的高速发展，汽车拥有量的飞速增加，与欧洲、美国等发达地区和国家相比较，中国道路交通事故死亡率和死亡人数持续居高，公路交通安全形势非常严峻。面对巨大的交通事故统计数字，部分公众甚至有少数公路行业内的人士，出现了一些对公路设计与建设的安全性，甚至对指导公路设计与建设的行业技术标准和规范的安全性和适用性的质疑。

为遏制重大道路交通事故的发生，提出并实施有效的事故防治措施，在中国公路建设主管部门的支持和组织下，相关研究单位和学者开展了一系列重大的、交通安全领域的调查、统计和研究工作。本文所采用的数据和资料主要来源于这些项目和成果。

本文通过大范围调查中国高速公路和双车道公路的历年事故资料，在对事故集中路段进行现场调查和测量、对事故致因深度调查分析的基础上，对交通事故与公路几何线形的相关性进行了研究。根据各阶段的分析研究结论，从多角度对公路交通安全事故防治提出了建设性的意见和建议。

21.1 资料调查

结合中国的公路网体系现状，考虑到公路标准、等级、车道数和交通组织方式的差异性，本文将所调查的公路项目和路段分为两大类，即高速公路和双车道公路。所调查的高速公路基本为四车道和六车道公路，属于中国国家高速公路网或地方性高速公路网，均采用控制出入、单向通行的交通组织方式。而所调查的双车道公路均为国省干线公路，多为双车道公路，采用混合双向通行的交通组织方式。图 1 是 2006—2012 年中国道路交通事故统计图。

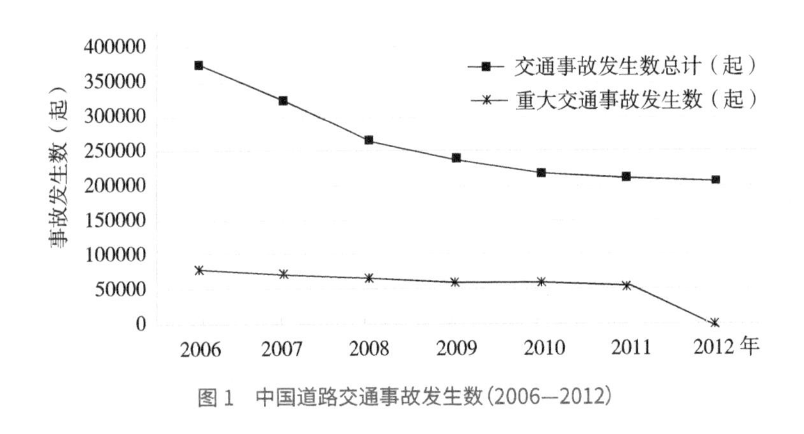

图 1　中国道路交通事故发生数(2006—2012)

本文大范围对中国的高速公路和双车道公路进行了调查，调查内容包括：不同等级公路的交通安全状况调查（交通量及车辆组成、交通事故分布规律、几何线形指标、路侧环境等）、驾驶行为调查（驾驶问卷）、典型断面运行速度和跟车速度采集、交通管理现状等。调查总里程共计 5897.5km，其中高速公路项目 12 个，调查里程共计 1946.5km；双车道公路项目 20 个，调查里程共计 3951km。收集到近 30 条公路近 3~5 年的交通量以及交通事故数据。

对事故集中路段、典型线形特征路段、互通式立交区、隧道路段共计

262个路段、459个断面开展了现场的交通流数据观测，获得了观测断面的交通量、交通组成以及行车速度分布等数据信息，其中共采集有效车速数据204236个。调查收集交通事故有效数据12777份，其中高速公路4129份，国省干线双车道公路8648份。

高速公路调研的项目覆盖到云南、新疆、河北、河南、海南等省份，主要调查工作情况见表1。

表1　高速公路调研信息统计表

序号	项目名称	里程（km）	交通事故（起）	调查路段数（处）	有效速度观测断面（个）	有效样本量（个）	问卷调查（份）
1	海南省高速公路	573	220	4	6	11646	40
2	云南AA、BB高速	157	800	7	48	36616	60
3	新疆吐乌大、乌奎高速	549	1031	6	6	77830	80
4	河北京港澳高速公路石安段	216	152	7	18	12010	—
5	河南晋济高速公路	20.5	36	7	28	8045	112
6	山西祁临高速公路	176	1645	9	39	28154	130
7	陕西西汉高速公路	255	245	17	58	9516	160
小计		1946.5	4129	57	203	183817	582

双车道公路调研项目覆盖到云南、贵州、四川、重庆、海南、江西、北京等省（市），主要调查工作情况见表2。

表2　双车道公路调研信息统计表

序号	项目名称	里程（km）	交通事故（起）	调查路段数（处）	有效速度观测断面（个）	有效样本量（个）	问卷调查（份）
1	云南G213、G326、G323	292	2173	24	6	642	133
2	贵州G210、G326	338	1326	39	8	999	
3	四川G213、G319、S106	579	1865	37	12	2104	
4	重庆G319	155	412	21	12	1189	
5	海南双车道公路网	2480	2567	13	14	5787	40

续上表

序号	项目名称	里程（km）	交通事故（起）	调查路段数（处）	有效速度观测断面（个）	有效样本量（个）	问卷调查（份）
6	江西宜安二级公路	42	173	7	34	7306	—
7	北京 G101	65	132	3	9	2392	—
小计		3951	8648	144	95	20419	173

21.2 研究方法和过程

本文在对所获取的事故数据建立事故数据库的基础上，通过改进型事故频数法先寻找确定对应公路的事故集中路段。在对事故发生位置进行几何线形统计性分析的同时，对事故集中路段和位置进行了现场实际调查与测量，拟合得到这些事故集中路段的公路几何设计线形和指标。参考从交通警察和路政管理部门获取的事故分析资料，对事故的直接致因及间接致因进行分析归类。结合现场调查成果，分析这些路段和位置的事故与公路几何线形之间的关系。研究分析流程如图 2 所示。

第 1 步：对事故进行详细的筛选、分类，通过调查收集到的事故资料得到每起交通事故的信息见表 3，并建立事故数据库。

表 3　交通事故统计信息列表

行政区划	路名	事故编号	事故发生日期	事故发生时间	事故地点	桩号	死亡人数	直接财产损失	事故简述	事故初查认定原因	事故形态	交通信号方式	路侧防护设施类型	在公路横断面位置	公路物理隔离	路面状况	路表情况	路面结构	路口路段类型	公路线形	公路类型	照明条件	能见度	地形	天气

第 2 步：通过对事故路段及发生桩号进行分段，将统计年限之内的所有事故进行单公里数划分，根据改进型事故频数法判断整条路段的事故集中路段以及事故集中点。

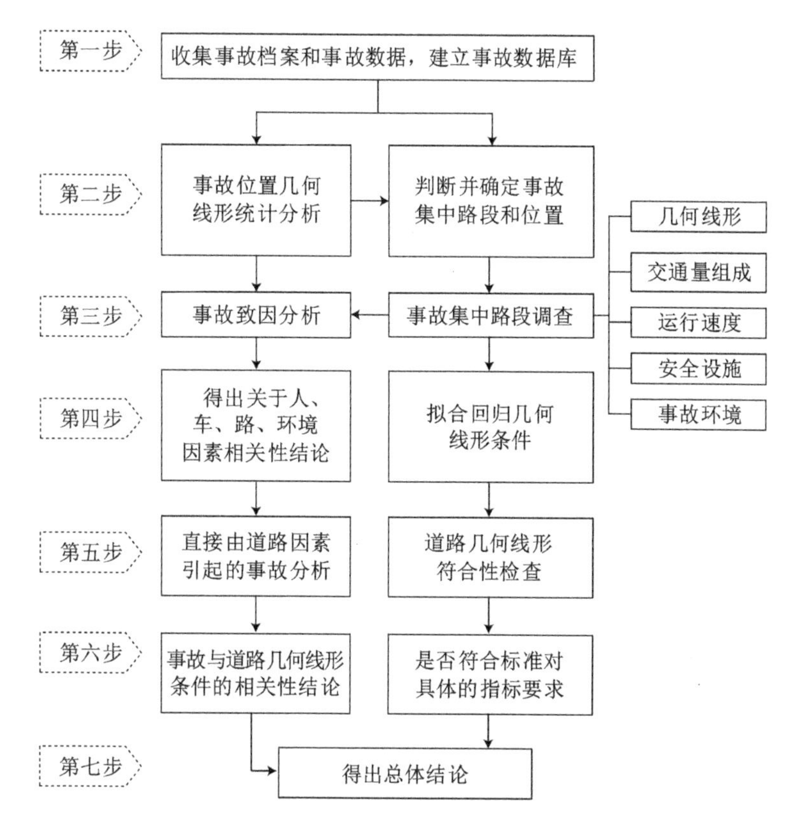

图 2　交通事故与几何设计指标相关性研究技术路线

第 3 步：逐一分析每个事故集中路段（点）的事故数据，对路段所发生的事故进行总体要素的分析，包括事故形态分布、事故原因分析、事故车型统计、气象条件等。对事故集中路段几何线形、交通量及组成、运行速度、路面状况、路侧条件以及交通工程设施进行安全性、完备性检查。图 3 是某高速公路连续纵坡路段事故集中位置示意图。

第 4 步：从人、车、路、环境四方面对单一事故进行分析，得出事故的具体致因、多致因事故中不同致因所占比例及之间的影响关系。根据现场测量成果，对事故集中路段公路几何线形条件进行拟合回归。图 4 是某双车道公路几何线形条件与事故集中位置示意图。

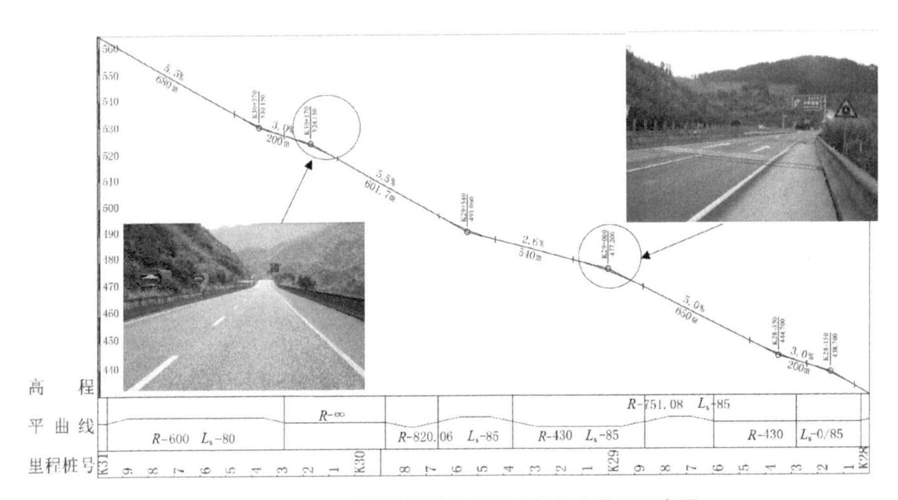

图3　某高速公路连续纵坡路段的事故集中位置示意图

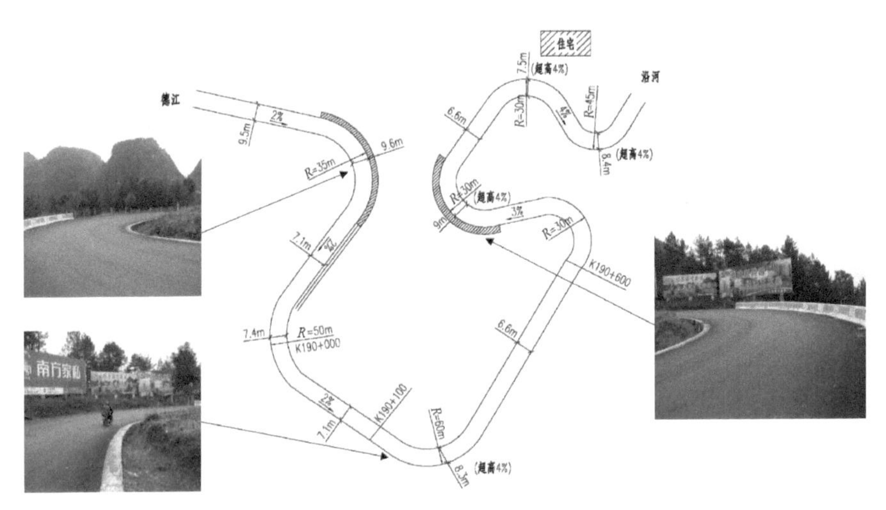

图4　某双车道公路几何线形条件与事故集中位置示意图

第5步：分离得到直接由公路因素引起的事故。在查明确定公路等级后，参照行业技术标准，对事故集中路段的几何线形条件进行符合性检验，检验该路段的几何设计指标是否满足技术标准的要求。

第6步：分析事故集中路段的事故与公路几何线形条件的相关性，定性、定量分析公路几何指标与该路段典型事故的相关性，检验几何指标的安全性。

第 7 步：得出事故分析结论及公路几何指标安全性检验的结论。

21.3 事故致因分析

（1）事故致因分析过程

事故致因分析分为三个步骤，首先对事故发生过程进行还原和再现，然后对事故致因进行判识，最后根据事故致因判识结论对事故进行归类统计。

对事故发生过程的还原包括对事故集中路段的现场调查（包括运行速度、现场环境）、路段几何线形回归拟合、对每起事故中驾驶人的状况评估以及车辆状况的再评估。

事故致因的识别是从人、车、路三个方面，对每起交通事故进行具体致因划分。本文将按照事故致因与致因因素的相关程度，分为直接致因和相关致因两类。对于可直接判定事故致因分类的，划为直接致因；对于难以直接判定的相关致因，按照事故状况划入两因素或多因素分类中。事故致因分类情况见表 4。

表 4　事故致因分类表

因素	直接致因	间接（相关）致因
人	违法驾驶（无证驾驶、酒后驾车、疲劳驾车、超速行驶）、违章驾驶	制动不当、转向不当、油门控制不当、其他操作不当
车	制动失效、制动不良、转向失效、爆胎	照明与信号装置失效、其他机械故障
路	道路缺陷、安全设施损坏、灭失	路面湿滑、路面坑槽、其他道路原因

最后对事故致因分类进行可能性判定后归类，即对能够通过事故分析后明确由单一因素导致的事故划入单一因素事故致因中，对于难以直接明确事故致因的，按照不同致因所导致事故的可能性将这类事故划入多因素致因事故分类中。

（2）事故致因分析结果

高速公路

对所调查高速公路的交通事故进行事故致因分析的结果如图 5 所示。

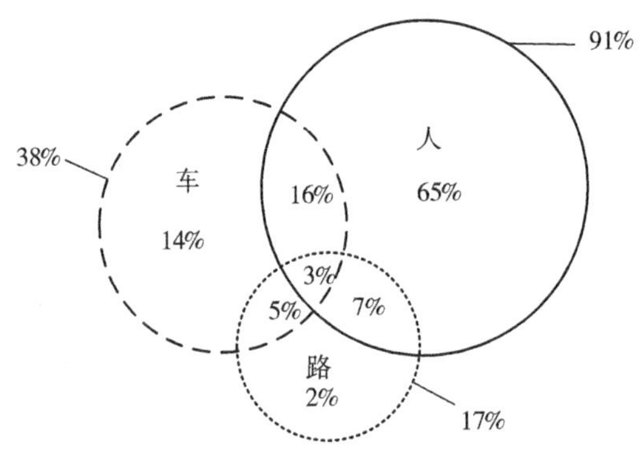

图 5　高速公路事故致因

①人的因素

对于高速公路，事故与人的因素相关的总体比例为 91%，其中与人的因素直接相关的占 65%。进一步分析，在占比 65% 的直接因素中，有 24% 的事故的致因主要是驾驶人超速驾驶所致，其次为疲劳驾驶，约占 12%。而与人的因素间接相关的事故约占 26%，主要为驾驶人对车辆的操作不当（约占 14%）和驾驶人对路况的判断错误等间接相关因素。

根据交通事故在时间上的分布特点，高速公路交通事故主要集中在午后到傍晚以及夜间到凌晨的两个时间段内。根据驾驶人问卷调查和事故路段的现场调查，午后驾驶人表现在生理上比较疲惫，心理上会有焦躁的情绪，容易导致事故发生。而夜间事故除驾驶疲劳的因素外，高发的主要原因是夜间驾驶人视线不良，容易造成驾驶人对前方的危险判断不清，从而导致交通事故发生。图 6 是昆石高速事故时间分布图。

②车的因素

事故与车的因素相关的总占比为 38%，其中与车的因素直接相关的约占 14%，主要包括货车制动失效、超载和爆胎等。而与车的因素间接相关的事故数占比约为 24%，包括人的因素与车的因素联合作用，如车辆超员、超限等原因导致的事故。

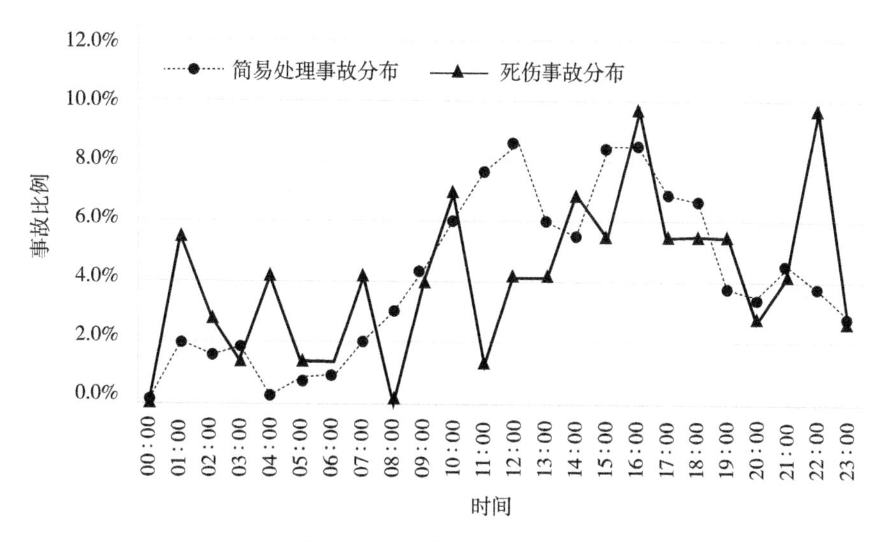

图 6 昆石高速事故时间分布图

根据调研项目的交通量及车型组成的分布特点，高速公路交通量逐年增长的趋势非常显著，年平均增长率基本在 10%~20% 之间。而高速公路上实际交通组成的分布特点呈现出明显的两极化的发展趋势，即车辆比例中以小型客车和重型载重货车（以四轴、六轴半挂车为主）为主，其他货车车型的比例在逐渐减少。这两类车型（外廓尺寸、动力性、速度差异等）比例的增加对高速公路的设计标准、交通安全状况都有较大的影响。

车的因素中主要包括爆胎、车辆制动失效、制动效果不良、自燃等，部分重大事故处置中发现，大型货车存在一定的违法改装、改造的现象。车辆高速行驶时，发生爆胎极易导致车辆失控，而超员、超载又会降低车辆的综合性能。如在云南 AA 高速公路的事故统计资料中，事故车辆中大型货车有 32.5% 的车辆为超载车辆（超载限值执行《关于在全国开展车辆超限超载治理工作的实施方案》）。虽然中国在各层面加大了治理货车“三超现象”（指车辆超速、超载和超限）的力度，但在部分地区治理效果仍不够理想。据相关专题调查，中国货运车辆的安全性能与国外相比差距较大，这是导致高速公路连续纵坡等敏感路段事故较为集中的重要原因。

③路的因素

在分析中，路的因素（指与公路综合条件相关的因素）包括公路几何线形条件（平、纵面指标，路基宽度、超高、加宽等）、公路路面状况条件（路面不平整、沉陷、车辙以及公路施工中封闭或者标识不全等）、公路路侧条件（填挖方边坡、边沟、排水沟、路侧防护设施）、交通工程设施（各类标志、标牌、标线等）。在高速公路交通事故的致因分析结论中，与公路直接相关的因素仅约占 2%。经分析核查，与公路直接相关的因素主要是由不良路面条件引起的，包括路面施工、由不良天气造成的路面湿滑。而与公路间接相关的因素约占 15%，包括驾驶人对路况的判断失误、车辆与公路通行标准的适用性匹配问题等。与公路几何线形条件的相关性在下一节中说明。

双车道公路

对所调查双车道公路交通事故的事故致因分析的结果如图 7 所示。

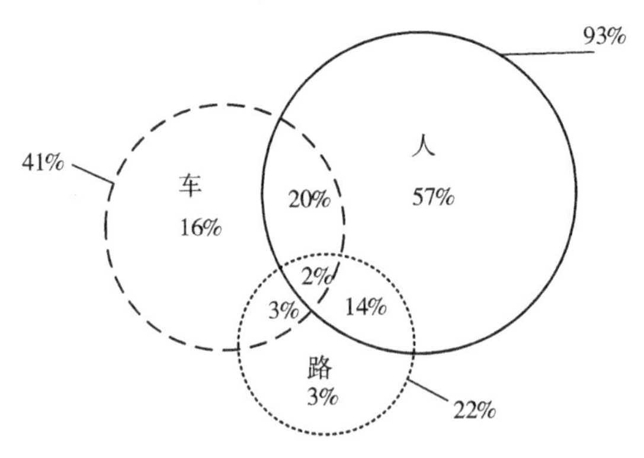

图 7　双车道公路事故致因

①人的因素

通过对双车道公路的事故致因分析发现，与人的因素相关的总体约占 93%，与人的因素直接相关的约占 57%。进一步分析，在占比约 57% 的直接因素中，有约 23% 的交通事故都与驾驶人超速行驶有关。与人的因素间接相关的占比约为 36%，包括驾驶人的操作不当（约占比 11%）、车辆与行人或非机动车的剐撞事故等。

调查中发现事故较多的双车道公路多集中在山岭地区。虽然山区地形复杂，公路几何线形复杂、指标总体较低，但绝大部分事故主要与驾驶人和车辆本身的特性有关。首先，车辆在直线段上行驶时，驾驶人视线良好，车速较高，普遍存在超速的情况，致使直线段上事故较多，超速行驶是导致事故的主要原因。其次，驾驶人操作不当在交通事故中占有较高比例，与高速公路不同的是，疲劳驾驶引发的交通事故在国省干线公路相对较少。

通过分析事故发生的时间可知，夜间 20:00 ~ 21:00 时段事故数最多，其次是午后 15:00 ~ 16:00 和凌晨 2:00 ~ 3:00 时段，事故数较多。夜间事故较午后和凌晨密集，主要是由于夜间无照明设施、超速行驶、视线不足、沿线居民聚集区较多导致横穿公路和沿线居民出行情况较多等；在午后与凌晨时段行驶，驾驶人身体疲乏、反应迟钝、注意力不易集中极易导致交通事故。图 8 是海南双车道公路事故时间分布图。

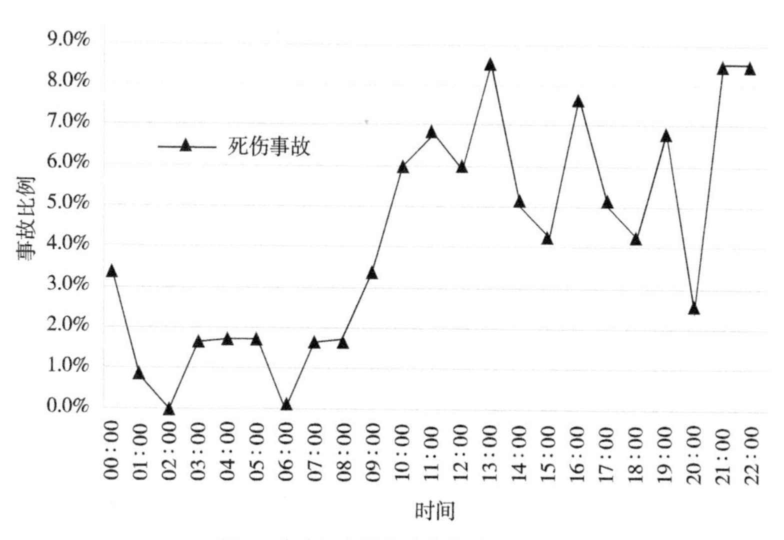

图 8　海南双车道公路事故时间分布图

② 车的因素

双车道公路所调查的交通事故中，事故致因与车的因素相关的总体占比约41%，其中与车的因素直接相关的约占16%，主要包括刹车失灵、爆胎等车辆性能不良问题；而与车辆因素间接相关的致因约占25%，包括人的因素与车的因素联合作用引起的如车辆超员、超载、违规营运等原因导致的事故。

与高速公路不同的是，因车辆超员引发的特大交通事故在事故成因中所占的比例相对较高，仅次于超速和操作不当，这也反映出在国省干线公路上的客运管理相对薄弱，违法客运现象较为普遍。

所调查的双车道公路多为连接县乡区域的二、三级公路。在双车道公路上，从事客运的车辆一般价格低廉、安全性能差，甚至存在部分农用车辆、拖拉机等非客运车辆从事客运服务的现象。这些车辆由于稳定性、安全防护装置、制动等安全性能较差，给双车道公路交通安全带来了极大的隐患。

③路的因素

在双车道公路事故致因分析中，与路的因素相关的占比约为22%，其中与路的因素直接相关的占比约3%。经现场调查，与路相关的因素主要是路面状况，如路面因天气原因湿滑以及坑槽、车辙等。除路面条件因素外，双车道公路还存在由于公路路侧条件（填挖方边坡、边沟、排水沟、路侧防护设施）和交通工程设施（各类标志、标牌、标线等）的不完善引起的事故，因此双车道公路与路的因素间接相关的事故占比总体高于高速公路。

在双车道公路上，公路沿线的一些非公路的设施也会对行车安全产生影响。如路边凌乱的建筑设施及杂乱的堆放，分散了驾驶人的注意力，造成局部路段的视觉污染，导致驾驶人情绪紧张，注意力难以集中，增加了由于误操作而导致的交通事故。

由于双车道公路均会穿越城镇，在人口稠密地区和城镇出入口附近，机动车、非机动车和行人等混行现象严重，违规占用车道的现象十分普遍，同时，这些路段交通量相对较大且交通组织难度大，增加了发生交通事故的概率。

21.4 事故与几何线形相关性分析

从事故致因分析结果可以看出，与路的因素直接相关的事故不论是高速公路还是双车道公路均仅占了极低的比例，而且通过这些致因的详细分析可知，与路直接相关的因素主要是由于雨、雪等恶劣气象条件造成的路面湿滑所致。而与路的因素间接相关的事故比例仍需要密切关注。与路的因素间接相关的事故包括由于驾驶人对行驶路况的判断失误、车辆与道路等级的不匹配性等问题，是导致与路的因素间接相关的事故不容忽视的重要原因。

（1）高速公路

①直接相关性分析

为了研究高速公路交通事故与几何线形、指标之间的关系，除了确定事故集中路段和位置外，还必须查找出公路几何线形条件作为导致交通事故直接致因的所有事故样本，并进行继续分析。本文根据高速公路所有事故数据，确定了多处事故集中路段和位置。结合现场调查、测量成果，笔者在剔除各类由人和车的直接因素所导致的事故样本之后，通过事故致因分析发现，由公路因素直接引发的事故数约仅占总数的 2%。对于某一处事故集中路段，由公路因素直接引发的事故仅有 1~2 起。而具体调查这 1~2 起事故，笔者发现其事故致因主要是不良的路面条件，如路面因天气原因湿滑、路面围挡施工等，而与该路段的几何线形条件无直接关联性。

因此，尽管本文所调查的中国高速公路范围较大、总体事故样本量也较大，但却未能发现和建立起事故与几何线形和指标之间的相关性。当然，这可能与中国在公路事故资料积累、统计等方面存在一定瓶颈有关。本文所调查获取到的高速公路事故资料，基本为最近 3~5 年内发生的。

同时，通过对事故集中路段的现场测量，通过 CAD 等方式，拟合得到了这些路段的路线几何线形和指标（图 3），并参照中国公路技术标准对几何指标进行了符合性检验。检验结论表明，中国高速公路在设计和建设中，是严格执行行业技术标准和规范的指标要求，未发现上述事故集中路段存在违反和突破行业技术标准的现象。

②间接相关性分析

通过分析高速公路事故致因可知，尽管由公路因素直接引起的事故仅占约 2%，但与公路因素间接相关的事故数占比约 15%。通过对事故集中路段和典型事故与路段几何线形指标的分析总结可以得到：由于公路几何线形组合不当、视线不良、超高横坡度设置欠合理等问题，可能诱使车辆速度提升，引起车辆在前后路段运行速度差增大，甚至导致驾驶人操作不当等。因而，无论是否能最终建立事故与几何线形的相关性，但是从保证行车安全角度出发，对公路几何线形的缺陷进行改善和提升都是有必要的。

图 9 是笔者绘制的高速公路事故路段分布及死亡危险性系数的示意图。从图中可以发现，虽然事故绝大部分分布在平直路段，但高速公路的连续下坡路段死亡危险性系数明显高于其他路段，其次是急弯陡坡路段。由此可见，对于高速公路，连续下坡、急弯陡坡等交通事故死亡危险性系数和受伤危险性系数均明显较高。尽管此两类线形路段发生交通事故的绝对数量不多，但是其发生事故造成的危害却是极为严重的，特别是在连续下坡线形条件下。2011 年度死亡危险性系数为 0.71 人 / 起、受伤危险性系数为 1.67 人 / 起，分别是全年所有伤亡类道路交通事故平均危险性系数的 2.4 倍和 1.5 倍。

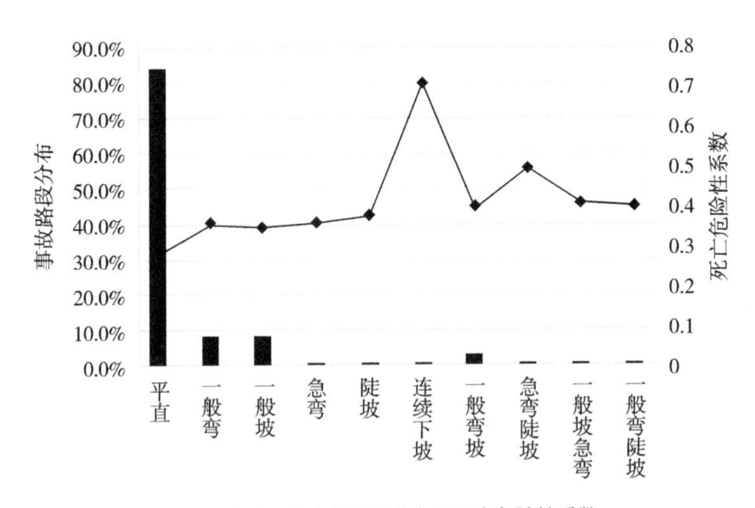

图 9　高速公路事故路段分布及死亡危险性系数

③典型事故分析

当前，在中国山区高速公路连续纵坡路段和隧道等路段出现的交通事故较为严重和典型，受到民众的普遍关注。由上述分析可知：造成连续纵坡路段交通事故的原因主要与车辆超速行驶和车辆安全制动性能有关，特别是重载货车，由于整体性的持续制动性能差，在连续使用刹车毂制动后，导致刹车蹄片长时间摩擦温度过高，制动效能降低，引起车辆失控。隧道路段的交通事故多集中在隧道的进出洞口附近，主要原因是隧道进出口路面抗滑性能、隧道内外光线明暗变化以及气候环境存在过渡和差异，加之车辆超速行驶现象严重，驾驶人未能及时作出调整或情急之下的误操作，引发交通事故。

（2）双车道公路

①直接相关性分析

采用与上述高速公路同样的事故致因分析方法，能够量化、匹配与公路因素直接相关的事故仅占总体事故的约3%，而这类事故大部分同样是由于路面湿滑等状况引起。仍然不能建立事故与双车道公路几何线形的相关关系。

同时，对事故集中路段几何线形指标进行符合性检验，这些路段的几何线形指标总体也是满足中国公路行业技术标准要求的。

②间接相关性分析

双车道公路事故中，与公路因素间接相关的事故总数约占22%。通过对事故集中路段的现场调查和逐一分析可知，“超速”是双车道公路事故集中路段的主要事故致因。由于公路几何线形指标和参数，是针对一定的“速度”（设计速度）条件而确定的，所以分析和评价一个路段几何指标的安全性，必须要和车辆的运行速度相关联。根据总体事故统计结论和事故集中路段资料分析，多数交通事故发生时，车辆的实际行驶速度超出设计速度或者限速值，即超出了几何指标适应的、能够保证安全的范围。

以重庆G319双车道公路为例（图10），该路事故主要发生在平直路段，占 50% 以上，其他事故大部分发生在弯道、纵坡以及弯坡组合的路段，分别占 12.4%、12.7% 和 14.5%。可见，事故多发于几何指标较高的路段和位置（如：平直段），主要原因是车辆速度快，驾驶人安全意识薄弱。这与一些观点认为事故多发生于公路几何线形较低的路段是完全不同的。

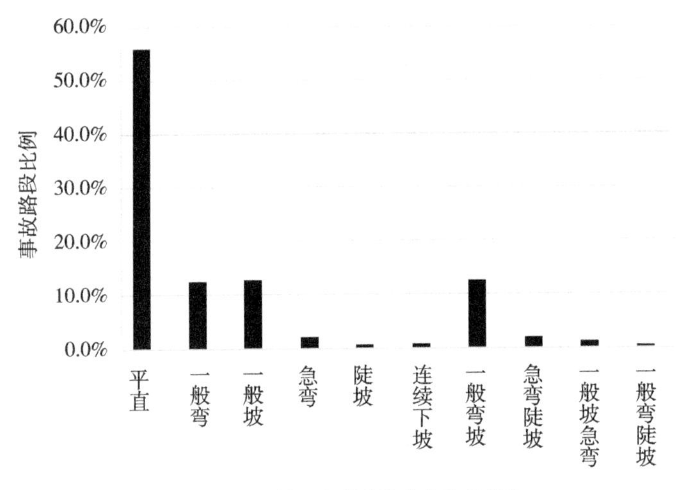

图 10　重庆某双车道公路事故路段统计

③典型事故分析

在双车道公路事故中，发生在公路临水、临崖等高危路段的事故是最为典型的，事故损失也是最大的。对典型事故的致因分析说明，公路因素中的路侧防护设施、交通工程设施不是交通事故的直接致因，但公路的路侧防护设施、交通工程设施可控制车辆速度、提高驾驶人注意力，进而减少或者降低事故严重程度，避免次生事故发生。因为中国幅员辽阔，路网里程数多，受到建设与维护费用等的制约，一些双车道公路中路侧防护设施和交通工程设施损毁、缺失现象较为严重。笔者认为，中国交通运输部从 2004 年开始启动的、针对国省干线公路实施的完善路段安全设施的项目应进一步推广和深入，以最大限度消除因路侧交通工程和安全防护设施缺失、损毁而导致的隐患。

21.5 结语

① 尽管本文从寻找事故与公路几何线形和指标相关性的目的出发，开展了一系列的调查、分析和研究工作，但是由于在剥离非直接公路因素之后，直接由公路几何线形条件引发的事故数据的样本量很小，笔者未能建立起事故与公路几何线形之间存在的相关关系。

② 对事故集中路段的线形指标符合性检查发现，这些路段的几何线形指标均符合中国公路相关技术标准和规范的要求。综合其他项目对中国和美国等多国标准的对比分析等的结论，笔者认为：中国现行的公路技术标准和指标与美国（AASHO）等是基本一致的，是能够满足合法车辆和合法驾驶条件下的安全通行要求的。

③ 通过事故调查和致因分析，我们发现所获取到的事故大部分是因为人的违规和车辆本身的安全性能因素直接引发的，因此，我们不能直接根据事故资料和事故集中路段的几何线形，建立事故与公路线形的关系模型，去评价公路几何线形、甚至设计与技术标准的安全性和相关性。

④ 通过本文分析和研究，中国在现阶段要遏制公路交通事故势头，减少交通事故，应重点进行驾驶人安全教育，提升所有交通参与者的安全意识，同时提升大型货运车辆的安全性能和装备，加强公路安全管理等工作。

21.6 补充观点

由于现阶段中国公路交通事故情况与发达国家存在明显的差异，公路交通事故的主要致因是“人”和“车辆”的因素，即驾驶员违规驾驶（超速、超载、下坡空挡滑行等）和车辆超载、改装等。因此，简单地通过分析某一个几何线性条件路段的事故多少来研究事故与几何线形的关系，对于中国当前的情况是不适用的。

本文通过现场测量和回归得到事故集中路段的几何线形条件后，首先逐一分析这些路段上事故的直接和间接致因。这样便消除了因为人和车的违规因素直接导致的事故对研究结论的影响，有助于全面认识事故和了解相关致因。笔者认为：在事故调查分析中，若采用不适合的方法，必然会导致错误的结论，进而偏离安全治理方法与措施的正确轨道。

中国与澳大利亚公路几何设计主要技术指标对比分析

作者：田引安

澳大利亚公路交通建设和管理是非常系统和完善的，全国公路总长约81万公里，每万平方公里约1040公里公路，人均汽车拥有量居全球第六（2011年）。在借鉴美国、加拿大等国以及对之前国内技术标准修改完善的基础上，澳大利亚和新西兰两国交通和公路运输局联盟于2006年发行了《公路设计指南》（GUIDE TO ROAD DESIGN，Austroads）（以下简称Austroads），该指南由8部分组成，基本涵盖了公路工程设计的各专业领域，并逐批次适时修订更新。随着第三世界国家经济的快速发展，Austroads以其科学性、灵活性和完整性正被越来越多的国家所接受，特别在斯里兰卡、南非等英联邦国家被逐步推广。

公路的几何设计是指根据行车特性确定道路平、纵、横各投影面诸要素的道路外形设计，几何线形是公路的骨架，是安全性、经济性、实用性、美观性的前提和重要因素。Austroads第三部分（Part 3：Geometric Design，2009）作为澳洲公路几何设计标准，兼有中国规范的可操作性和西方规范的灵活性，被认为是其整个指南体系的精髓所在。鉴于国内目前对 Austroads 研究和应用较少，为便于设计者借鉴国外先进设计理念和经验，使中国设计进一步走出国门和自我完善，本文结合斯里兰卡南部高速公路的建设实例，对比和分析中澳两国规范中几何设计的关键技术指标。

22.1 澳洲公路基本标准

（1）公路分级

① 按路网等级分级：1级（国道）、2级（州际公路）、3级（地方主干路）、4级（乡村公路）、5级（专用公路）。

② 按运行速度分级：高速公路（$V \geqslant 90$km/h）、中速公路（70km/h $\leqslant V \leqslant$ 89km/h）、低速公路（$V \leqslant$ 69km/h）。

虽然 Austroads 将公路设计速度最高值定为 130km/h，但受限较多，故大多数高速公路仍采用 120km/h 的最高设计速度。

（2）横断面要素

行车道宽度：3.0~3.7m，3.5m 是各等级公路（包括高速公路）广泛采用的宽度。

硬路肩宽度：左侧 2.0~3.0m，单向 3 车道及以上的高速公路使用 3.0m；右侧 0.5~1.0m，一般取 0.75m。

土路肩：1.0~1.5m，一般采用 5% 向外横坡。

中分带：根据使用功能，最小宽度取 0.8~15m。

坡率：常规较缓，见表 1。

表 1 常规使用坡率（Austroads）

类　型	挖　方		填　方	
	一般值	最大值	一般值	最大值
土质边坡	3 : 1	2 : 1	6 : 1	4 : 1
石质边坡	0.5 : 1	0.25 : 1	–	–
中分带（较宽时）	10 : 1	6 : 1	10 : 1	6 : 1

相对于我国一般采用的“折线型”横断面，澳大利亚公路广泛应用“流线型”横断面。即在所有平面交汇处，如路肩边缘、沟底及边坡与原地面的相交处，一般将横断面设计为弧形，以增进路基稳定性，简化养护控制，改善路容。

（3）设计年限

路面—20 年；桥梁—100 年；征地 50 年（视发展情况而定）。

（4）净空

各级公路对不同跨越位置的净空要求相对较高。表 2 是澳大利亚最小净空要求。

表 2　最小净空要求（Austroads）

跨越位置	高速公路、主干路	三级及以下公路	非机动车	行人	电力线（kV）	
					500	220
净空（m）	5.4	4.6	2.7	2.4	17	14.5

（5）视距

定义视距时，两国对小客车 h_1（目高）和 h_2（物高）的取值接近，对于货车差别较大。Austroads: h_1=1.1m（货车 2.4m），h_2=0.2m（货车 0.8m）；《公路工程技术标准（JTG B01–2003）（以下称《标准》）：h_1=1.2m（货车 2.0m），h_2=0.1m（货车 0.1m）。停车视距 SSD 是高等级公路主要控制指标之一，与我国《公路路线设计规范（JTG D20–2006）》（以下称《规范》）算法类似，其公式为：

$$SSD=\frac{R_{T}V}{3.6}+\frac{V^2}{254\,(d+0.01a)}\quad \left(《规范》:\ SSD=\frac{R_{T}V}{3.6}+\frac{V^2}{254f_1}\right)\qquad (1)$$

式中：R_T——驾驶者反应时间；

d、f_1——纵向摩阻系数（依据路面和车速状况而定）；

a——纵坡坡度（%）。

两国规范对反应时间均取 2.5s，d 和 f_1 值差别不大。公式（1）中的 V，在我国指行驶速度，即对设计速度折减 85% ~ 90%，而 Austroads 中的 V

指设计速度，故其停车视距总体大于我国标准。同时，Austroads 对纵坡大于 2% 路段的视距根据公式（1）进行了修正，即视距下坡增大、上坡减小，与实际状况较相符。表 3 是中澳两国停车视距比较表。

表 3　停车视距比较表（小客车）

设计速度 / 行驶速度（km/h）	Austroads	中国
40/36	45	40
60/54	81	75
80/68	126	110
100/85	221	160
120/102	301	210

22.2 平面

（1）圆曲线

圆曲线最小半径计算公式为：

$$R=\frac{v^2}{127\,(\mu+e)} \tag{2}$$

式中：R——圆曲线半径（m）；

v——设计速度（km/h）；

μ——横向摩阻系数；

e——超高值。

基于同一设计速度条件下汽车行驶稳定性等因素的考虑，两国规范规定的圆曲线最小半径值见表 4。

表 4　圆曲线最小半径比较表

设计速度（km/h）	最小半径（m）		不设超高的最小半径（m）	
	Austroads	《规范》	Austroads	《规范》
120	667	650	2800	5500
100	414	400	1600	4000
80	194	250	500	2500
60	83	125	200	1500
40	31	60	80	600

确定圆曲线最小半径的关键参数是横向力系数和超高横坡。较高设计速度条件下Austroads规定的圆曲线最小半径与我国《规范》极限值基本相当，但当设计速度≤ 80km/h时，Austroads规定值较小。对于不设超高圆曲线最小半径的取值，Austroads明显小于我国规范。这主要由于两国气候、常规路面层结构的选用和车型比例等外部条件不同，以及乘客舒适感要求存在差异。如表5所示，Austroads认为设计速度越低，乘客对舒适的可容忍度越高，在规定最小半径时根据不同设计速度给出了对应的μ和e的范围，且取值跨度较大；我国规范则以固定（或跨度较小）的参数指标计算规定限值，圆曲线总体标准较高。

表5　圆曲线最小半径参数取值比较表

参数名称	最小半径		不设超高最小半径	
	μ_{max}	e_{max}	μ	e
Austroads（v: 40~130km/h）	0.11~0.3	0.06~0.1	0.07~0.18	–0.03
《规范》（v: 40~120km/h）	0.1~0.16	0.08	0.035	–0.015

①由于驾驶人容易在小半径曲线的陡下坡路段转弯失控，Austroads要求当G（坡度）> 3%时，最小圆曲线半径采用值应大于表4规定值，具体公式为：R（陡坡）min=R（表1）min[1+（G–3）/10]，如果条件受限而不能增加曲线半径，则应增大一级超高值作为补偿。

②我国规范提出了在通常情况下推荐采用的一般最小半径值（μ=0.05~0.06，e=6%~8%）；一般情况下，以采用极限最小半径的4~8倍，或超高横坡度为2%~4%的圆曲线半径为宜。而Austroads仅建议在设计速度较高时，宜采用R ≥ 1500m的圆曲线。

③Austroads建议：对于4车道及以上公路，当V ≥ 90km/h、转角≤ 0.25°，及V < 90km/h，转角≤ 0.5°时，可不设圆曲线；对于4车道以下各等级公路，其不设圆曲线的最大偏角值是前述角度的2倍。《规范》要求我国各级公路平面不论转角大小，均应设置圆曲线。

④《规范》条文：当圆曲线半径大于9000m时，视线集中的300~600m

范围内的视觉效果同直线没有区别，因此圆曲线半径不宜过大，国内设计者也很少设置半径大于10000m的圆曲线。Austroads认为可适时的采用6000m ≤ R ≤ 30000m的大半径曲线，有条件时推荐采用半径为16000~18000m圆曲线。我国以7°转角作为引起驾驶者错觉的临界角度，并把7°~10°转角亦归于小转角之列，要求少用，否则应设置足够长度的平曲线改善视觉效果，Austroads对平曲线偏角未做强制性要求，设计中常出现小偏角曲线。在斯里兰卡南部高速公路Belliatta平原段设计中，业主摒弃了我国设计起初推荐设置长直线方案（可减少路线长度）和设置多处较大偏角曲线采用了4处小偏角和大半径曲线，有效缓解了初步设计推荐的长直线方案产生的生硬感，并避免了村舍拆迁，也减少了较大偏角曲线方案产生不必要的路线附加长度。

（2）超高

①超高值

在确定了设计速度、半径和横向摩阻系数之后，圆曲线超高取值可由公式（1）反推取值。与欧洲部分国家标准类似（如法国的ICT AAL-1985），Austroads规定不同半径的圆曲线对应的超高一般为定值，不因外部条件变化而调整，如图1所示。对于任一半径为R的圆曲线＞R_{min}，其对应的超高e_1为：

$$e_1=\frac{V^2e_{max}}{127R\,(e_{max}+\mu_{max})} \tag{3}$$

式中，e_{max}和μ_{max}分别为R_{min}对应的最大超高和摩阻力系数。

应用时一般取高一级的0.5%整数倍作为超高值（如计算值为4.1%，则采用4.5%），不能用线性内插来决定。因气候条件、车型比例等不同，在澳大利亚的塔斯马尼亚州、新西兰等地，Austroads提出的超高值往往不被当地接受。最小超高与正常路拱横坡值一致。

总体而言，对相同的设计速度和圆曲线半径，Austroads选用的超高值比我国略小。根据为修订原《公路工程技术标准》(JTJ 001—97)而立项的《公路横向力系数》专题研究结论，并参考美国及澳大利亚的经验，我国《规范》

规定高速公路、一级公路最大超高值为 8% 和 10%，正常情况下采用 8%；对设计速度高，或经验算运行速度高的路段宜采用 10%；二、三、四级公路限定最大超高为 8 %；对于积雪冰冻地区，限定最大超高为 6 %。同时，《规范》去掉了该版送审稿中的圆曲线半径与超高值的对应关系表，要求各圆曲线超高值应根据曲线半径、自然条件、设计速度等计算确定，以更加符合实际情况。

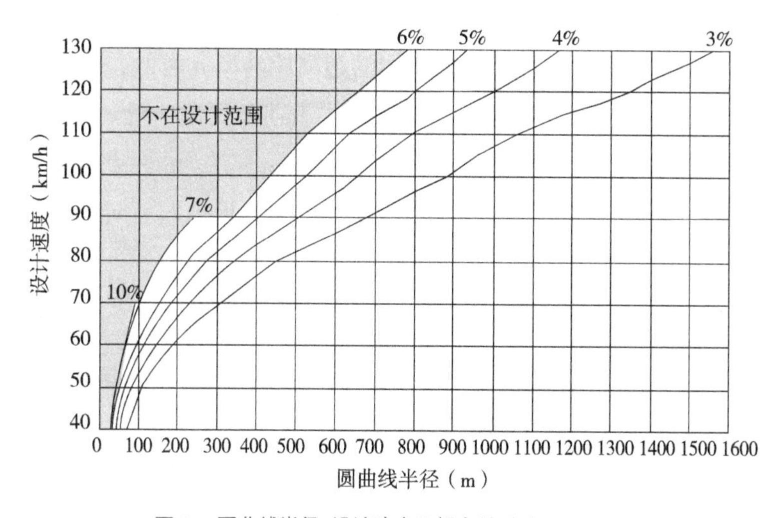

图 1　圆曲线半径、设计速度及超高关系（Austroads）

② 超高的过渡

a. 由正常横断面路拱坡逐渐变到圆曲线全超高的单向横坡面，其间必须设置超高过渡段。Austroads 提出了两种计算超高过渡段长度的方法：

旋转速率法

$$L_{rr}=\frac{0.278\,(e_1+e_2)\,V}{r} \tag{4}$$

式中：L_{rr}——超高过渡段长度；

e_1——路拱横坡（%）；

e_2——全超高横坡（%）；

V——设计速度（km/h）；

r——旋转速率。

当 $V < 80$km/h，r=3.5%（即每秒旋转 0.035 弧度）；当 $V \geq 80$km/h，r=2.5%（即每秒旋转 0.025 弧度）。

该方法不同于我国的旋转率，主要是对渐变的速度做一控制。

相关坡度法 $$L_{rg}=\frac{W_R(e_1-e_2)}{G_R} \quad (5)$$

式中：L_{rg}——超高过渡段长度；

G_R——相关坡度。

与我国最小超高过渡段长度公式中的超高旋转率 ρ 类似，G_R 表示旋转轴线与行车道外边线之间的相对坡度，公式表述与我国一致。但我国规范规定了不同设计速度对应的最大 ρ 值，而 Austroads 认为同一种渐变率下，路面排水的难度会因宽度的增大而增加，规定 G_R 取值与设计速度和行车道宽度同时相关，见表 6。

表 6　G_R 与 ρ 值对比表

设计速度（km/h）	G_R（%）（Austroads）			ρ（JTG D20–2006）	
	W_R=3.5	W_R=7.0	W_R=10.5	中线	边线
40	0.9	1.3	1.7	1/150	1/100
60	0.6	1.0	1.3	1/175	1/125
80	0.5	0.8	1.0	1/200	1/150
100	0.4	0.7	0.9	1/225	1/175
120	0.4	0.6	0.8	1/250	1/200

可见，Austroads 认为在同一设计速度下，行车道越宽，相关坡度越大，而《规范》中 ρ 值与车道宽度无关。故基于我国规范设计的超高渐变段长度较长，行车舒适性和视觉效果较好，虽然规定了各级公路 ρ 值应大于 1/330，但排水效果不如 Austroads。具体应用时，Austroads 要求超高渐变段长度应按旋转速率法和相关坡度法同时计算并择其较长者用之。

b. 关于超高渐变方式，Austroads 对各级公路均采用线性渐变（在渐变段起、终点插入不小于 20m 长的圆曲线或二次抛物线以抵消折点），我国除此方式外，近些年对于高等级尤其对路容要求高的公路，常采用三次抛物线渐变，计算公式为：

$$i=i_1+(i_2-i_1)\times e_2/L_{c2}\times(3-2\times e/L_c) \tag{6}$$

式中：i——超高渐变段内任一点横坡值；

i_1——渐变段起点横坡值；

i_2——渐变段终点横坡值；

L_c——渐变段总长度；

e——渐变段内任一点至渐变段起点距离。

c. 对于超高的过渡位置，我国通常做法是将整个过渡段置于缓和曲线范围内，而 Austroads 与美国的 AASHO 提出的超高渐变方式一致，如图 2 所示，要求将曲线外侧由正常路拱旋转至平坡的段落置于直线段（Tro–Tangent Runout，Tro=Le$\left[\frac{e_1}{e_1+e_2}\right]$），由平坡过渡至全超高点段落置于缓和曲线段（Sro–Superelevation Runoff，Sro=Le–Tro），认为如此可尽量避免了驾驶人不能尽早地识别弯道发生侧翻的危险，渐变段总长度 Le=Tro+Sro。

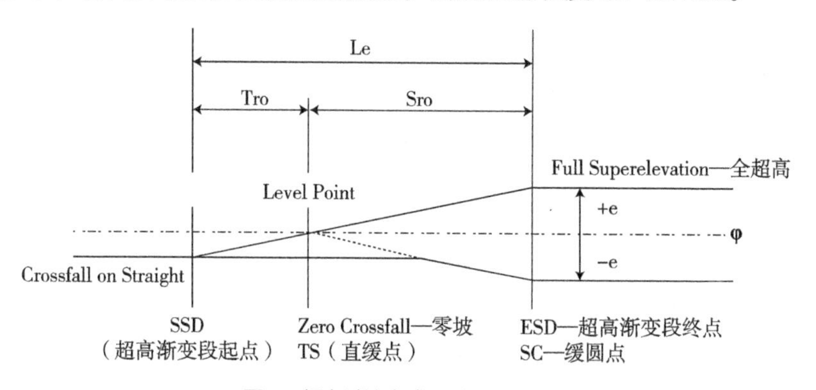

图 2　超高过渡方式图（Austroads）

③缓和曲线

世界上大多数国家接受采用回旋线作为各等级公路缓和曲线的主要形式。基于旅客舒适感计算缓和曲线最小长度的公式为：

$$L_s=0.0214\frac{v^3}{Ra_s} \tag{7}$$

对于 a_s（离心加速度变化率），我国一般控制在（0.5 ~ 0.6）m/s³，

Austroads 在 0.7 左右；基于行驶时间要求的最短缓和曲线，我国要求至少有 3s 行程，而 Austroads 可最小采用 2s。根据上述对圆曲线超高的分析，Austroads 在基于超高渐变所需的缓和曲线长度要求也明显低于《规范》，其满足 Sro 长度即可。

我国在高等级公路设计时，缓和曲线的设置比较严格，在实际工作中，参数 A 值（$A=\sqrt{RL_s}$）常参照《规范（送审稿）》提出的方法：当 $R>1000$m 时，$A=6.1R^{0.637}$；当 $R\leqslant 1000$m 时，$A=3.46R^{0.72}$。以此满足 $R/3\leqslant A\leqslant R$、$L_s:L_c:L_s=1:1:1$ 等线形连续平顺、线段比例协调的要求，长度较长。

在斯里兰卡南部高速公路设计中，全线缓和曲线长度主要基于满足设置超高渐变段 Sro 设置，长度较短，认为过长的缓和曲线会误导驾驶人对圆曲线位置的辨识，容易产生误打方向的潜在危险，因缓和曲线的加长而设置较缓的超高过渡段也不利于当地热带雨林的气候特点。综合分析：缓和曲线的选用应在利于行车安全的前提下，采用合理的让驾驶人舒适的线形，缓和曲线宜较长。

《规范》规定复曲线间回旋线的省略，以设缓和曲线两圆位移差小于 0.10m 为条件。在 Austroads 中，缓和曲线可以省略的情况有：设计速度≤60km/h；环形曲线（如环圈匝道）；直线与圆曲线内移值不大于 0.25m；圆曲线半径大于不设超高圆曲线半径。

④曲线加宽

基于行车轨迹要求，Austroads 提出当 $R\leqslant 300$m（中国 $R\leqslant 250$m）时，应设加宽；并规定设置缓和曲线时，圆曲线两侧同时加宽；无缓和曲线时，圆曲线内侧加宽。当加宽值小于 0.25m 时，即不予加宽。我国根据三种标准车型将加宽分为 3 种类型，依次递增，并根据公式 $b=N\left(\frac{A^2}{2R}+\frac{0.05v}{\sqrt{R}}\right)$（其中，$b$——加宽值；$N$——车道数；$A$——汽车后轴至前保险杠的距离）计算所需加宽值。采用同样的几何算法，Austroads 提出了 5 种车型的加宽值；但当 $R\leqslant 60$m 时，则需根据设计车辆的转弯模型检查加宽，作为对公式计算的修正。

平曲线横向净距是检查视觉通透的重要指标，我国近些年已开始对高等级公路平面上的视距进行关注和检查，Austroads 及欧美一些规范已将此列入强制标准。对于设计速度较高的公路，各平曲线段落的横向视距应进行检查，当停车视距 $S \leqslant$ 圆曲线长度 L 时，使用公式：$O=R\left(1-\cos\frac{28.65S}{R}\right)$（其中，$O$——保证停车视距所需的横净距；$R$——内侧曲线车道中心的圆曲线半径）。

关于加宽过渡，我国一般选用比例过渡、高次抛物线过渡（如：$B_i=B*(4K^3-3K^4)$，$K=L_i/L$。其中，Bi——加宽渐变段内任意点距渐变段起点长度 Li 对应点的加宽值；B——圆曲线全加宽值；L——加宽渐变段全长）和回旋线过渡等 3 种方式，Austroads 中并未明确过渡方式，设计时一般采用回旋线过渡。

22.3 纵断面

（1）纵坡

表 7 中我国《规范》仅给定了不同设计速度对应的最大纵坡值，Austroads 根据不同地形特点规定了各设计速度下最大纵坡值，均大于我国标准限值（即使条件受限时，经技术论证，最大纵坡可增加 1% 后）。

表 7　最大纵坡比较表

设计速度（km/h）	Austroads（%）			中国（%）
	平原	丘陵	山岭	
60	6–8	7–9	9–10	6
80	4–6	5–7	7–9	5
100	3–5	4–6	6–8	4
120	3–5	4–6	—	3

《规范》中的纵坡长度限制主要是依据 8t 载重车功率 / 重量比是 9.3W/kg 的爬坡性能曲线计算，规定了各设计速度下最大坡度的限制长度。而

Austroads 则依据 120kg/kW（即 8.3W/kg）重车爬坡性能，仅提出了各最大纵坡对应的限制长度，与速度无关，见表 8。相比较，笔者认为我国的取值理念较合理。

表 8 纵坡长度限制比较表

Austroads		中国					
坡度（%）	长度(m)	坡度（%）	设计速度（km/h）				
			120	100	80	60	40
2 ~ 3	1800	3	900	1000	1100	1200	—
3 ~ 4	900	4	700	800	900	1000	1100
4 ~ 5	600	5	—	600	700	800	900
5 ~ 6	450	6	—	—	500	600	700
>6	300	7	—	—	—	—	500

我国最小坡长规定汽车以设计速度 9~15s 的行程为宜，并给出具体限值；而 Austroads 仅在文字部分提出最小坡长需满足路容要求，未提出具体数值，设计者可根据具体情况灵活操作。

（2）竖曲线

大多数国家采用二次抛物线作为公路竖曲线形式，Austroads 将 K 值作为竖曲线主要参数指标。K= 竖曲线半径 R/100，表示坡度每变化百分之一对应的竖曲线弧长，故竖曲线长度 $L=AK$（A 为两侧坡度代数差）。两国均采用小客车进行最小停车视距计算，基于停车视距 SSD，两国竖曲线参数对比见表 9。

表 9 竖曲线参数比较表

设计速度（km/h）	凸形竖曲线		凹形竖曲线	
	最小 K 值（Austroads）	Rmin（m）《规范》	最小 K 值（Austroads）	Rmin（m）《规范》
40	4.8	450	4	450
60	17.2	1400	16	1000
80	44.6	3000	28	2000
100	150.6	6500	61	3000
120	202.9	11000	112	4000

在实际设计中，为了安全和舒适，《规范》规定竖曲线一般最小半径为极限最小半径的 1.5 ~ 2.0 倍，条件许可时应尽量采用大于一般最小半径的竖曲线为宜，如此与 Austroads 最小值接近。我国竖曲线最小长度相当于设计速度的 3s 行程，Austroads 取 3 ~ 3.5s。为便于纵坡顶部排水，Austroads 规定应避免过大半径的凸形竖曲线，应使边坡顶点附近的瞬时纵坡在 0.3% ~ 0.5% 时，长度不大于 30 ~ 50m，建议我国设计者在设置竖曲线时，也应对范围内排水条件进行检查。

22.4 线形设计

（1）直线

直线的最大与最小长度应有所限制，而其从理论上求解是非常困难的，主要应根据驾驶人的视觉反应及心理上的承受能力来确定。《标准》参考美国、日本等资料提出设计速度大于或等于 60km/h 的公路最大直线长度为以汽车按设计速度行驶 70s 左右的距离控制，一般直线路段的最大长度控制在 $20V$ 为宜，同向曲线夹直线最小长度以不小于 $6V$ 倍为宜，反向曲线夹直线最小长度以不小于 $2V$ 为宜。Austroads 提出在平原区，长直线长度宜控制在 3km，反向曲线夹直线应大于 $0.7V$，同向曲线夹直线不小于 $2V$ ~ $4V$。并应考虑满足超高或加宽渐变段要求。

（2）平曲线

两国平曲线最小长度对比见表 10。我国一般以不小于 3s 行程控制平面线形（或纵断面）单元最小长度，各级公路平曲线最小长度是按回旋线最小长度的 2 倍控制，即 6s。Austroads 虽以 2s、甚至 1.5s 控制最短线形单元长度，但规定平曲线一般最小长度应根据公式 $L_{min}=V^2/36$ 计算。

在平原地区，Austroads 一般按不小于表 10 最小长度的 2 倍控制平曲线长度。《规范》认为，从线形设计要求方面考虑，曲线长度按最小值的 5~8 倍即 1000~1500m 较适宜，并列出平曲线最小长度的“一般值”是取“最小值”的 3 倍。国内一些手册和细则中建议，对设计速度≥ 80km/h 高速公路平曲线最大长度“一般值”按90s控制，“最大值”按150s控制，该值也可对应用Austroads设计时作以参考。

表10　平曲线最小长度比较表

设计速度（km/h）	Austroads（m）	规范（m）	
		最小值	一般值
40	45	70	200
60	100	100	300
80	180	140	400
100	280	170	500
120	400	200	600

（3）平、纵线形组合

良好的平、纵线形组合是指在满足汽车运动学和力学要求的基础上，又能满足视觉的安全、美观，排水通畅，与周围环境协调，相邻路段的各技术指标值的均衡、连续。

① 一般情况下平、纵曲线应做到一一对应，否则应尽量拉大间距，以改善视觉条件。平曲线的曲中点与竖曲线的顶（底）点位置错开不超过平曲线长度的1/4时，仍可获得较好的外观。我国平、竖曲线半径的均衡研究认为，若R竖：R平=10 ~ 20，可获得视觉上的均衡感。

② Austroads注重平纵设计的协调性，在长大上坡顶部习惯设置缓坡段，在长大下坡的底部应设置运行速度不低于设计速度85%的线形单元，坡度和坡长经过论证后也可超过规范限制。中国长大纵坡的设计在考虑安全性外同时注重上坡汽车的爬坡性能，要求更严格，主要因为是我国国内超载问题严重，汽车爬坡和制动性能较澳洲等发达国家较差，不良驾驶行为较突出。

③ 均衡性影响线形的平顺性，对纵断面线形反复起伏，在平面上采用高标准的线形是无益的，反之亦然。长直线上反复凸、凹的纵断面线形，尽管纵坡不大，视线良好，但这种平直路段上超速、超车较多，有资料显示我国这种路段交通事故约占各种平纵组合路段90%以上。Austroads规定，

一条公路在地形接近的不同区域设计速度应该相同，以符合驾驶人对车辆运行环境的判断；临近的线形单元指标应均衡，不应相差过大；当前车位于直线长度大于25000m的缓坡时，后车驾驶人很难判断前方车辆的距离（前车似乎静止），对此可设置大半径平曲线予以克服。

④ Austroads要求，应避免平、纵线形各独立指标均接近最小限值的组合，特别对凸形竖曲线要求较多。在小半径平曲线、反向曲线、暗弯等位置不宜设置凸形竖曲线。而在平曲线的起、终点插入凸形竖曲线是典型的搭配不当。对于路面宽、车道较多的公路会影响线形连续性和美观效果，故应做立体透视检查。平面直线较短，坡度较缓，并在凹形竖曲线范围内有超高时，应重点检查区域排水效果。

22.5 结语

与我国公路几何线形设计标准综合比较，Austroads采用的多数指标要求并不高，也不如我国规范文本具体、易于操作。应用Austroads的前提是设计者对规范原理和工程实际有着充分理解和掌握，其很少将实践总结出的一些经验指标列入规范文本。澳大利亚是较早采用以运行速度控制设计的国家，对公路几何线形的连续性、均衡性、一致性予以了充分考虑，对指标运用灵活务实。在2009年新版的Austroads中，更注重体现了“综合敏感性设计”（Context Sensitive Design）的全新理念。我国于2004年推行了以运行速度检验设计的理念，但目前未完全抛开以设计速度为主导的思想，特别在高速公路设计中，往往重视线形而忽略地形，一味地追求高指标线形单元和线形搭配，而对于部分路段过高的线形指标将会带来负面效应，故Austroads在提出各技术指标时融入的理念和方法，尤其值得借鉴。

中国“死亡之坡”放在美国应该排第几

——实地考察美国部分高速公路长陡下坡

近年来，由于货车失控事故频发，我国山区的高速公路连续下坡路段引起了各界的关注。媒体不仅给云南元磨、楚大、福建厦漳等高速公路长下坡路段冠以“死亡之坡”“魔鬼高速”之名，而且公安部更是公开发布“全国十大事故多发长下坡路段”等信息。尽管根据统计资料和相关调查研究结论，货车失控事故主要是由于人的违法、违规行为和车的不安全状态等直接引发的，但上述提法和信息却也引起很多人对我国高速公路纵坡设计与安全性的疑问：难道是我国高速公路纵坡过长、过陡了吗？其他国家情况又是如何？

2018年秋季，笔者等有机会通过自驾，对美国西部加利福尼亚州、亚利桑那州、内华达州的几条高速公路进行了实地考察，获取到了美国I–15、I–17、I–8高速公路上的几段长陡下坡的实际情况。

23.1 加州 I-15 长下坡路段（图 1 ~图 6）

该长下坡路段位于从洛杉矶去往拉斯维加斯的 I-15 高速公路的后半段，具体位置是从靠近死亡谷（Death Valley）的 Yucca Grove 到加州与内华达州的分界处的 Primm。该路段从高山垭口到戈壁平坦区域均为直接下坡，主体采用宽中央分隔带的双向六车道断面，在地图中的标识为 Mojave Fwy 和 Barstow Fwy。I-15 是美国州际高速公路的大通道之一，交通量比较大。该路段长下坡的坡度为 6%，长度达到 16km（10 英里，1 英里＝ 1.609km），除配套设置长陡下坡坡度、位置、长度、限速、卡车采用低速挡等警示、提示标志外，还设置了货车下坡专用车道，设置了卡车制动检查站一处，避险车道一处。

以下是该路段连续设置的各类警示标志，以及卡车制动检查站、避险车道出口提示、卡车下坡专用车道等标志。

图 1　I-15　连续长下坡路段和货车制动检查警示标志

（标志牌内容：前方 10 英里连续下坡，请卡车检查制动）

图 2　I-15 连续长下坡路段警示标志

（标志牌内容：前方下坡，坡度 6%，长度 10 英里）

图 3　I-15 连续长下坡路段警示标志

（标志牌内容：前方下坡，坡度 6%，长度 10 英里，请卡车使用低速挡）

图 4　I-15 连续长下坡路段警示标志

（标志牌内容：前方 4 英里是避险车道）

图 5　I-15 连续长下坡路段警示标志

（标志牌内容：前方下坡坡度 6%，长度 7 英里）

图6　I-15 连续长陡下坡路段现场照片

（长下坡底部位置出现货车专用车道标志）

23.2　亚利桑那州 I-17 长下坡路段（图 7 ~ 图 13）

该长下坡路段整体位于亚利桑那州境内，处于从弗拉格斯塔夫（flagstuff）到凤凰城方向的 I-17 高速公路的中段，接近 Stoneman Lake。这一路段为典型的山岭重丘区高速公路，沿线地形起伏大，弯急坡陡，主体采用分离式路基的双向四车道断面。亚利桑那州 I-17 长下坡路段的坡度为 4%~6%，总长度达 28.9km（18 英里）。为提升通行安全，该路段设置了连续性的下坡坡度、坡长、位置、卡车使用低速挡等提示信息，设置了一处货车制动检查站，设置了一处避险车道。

以下是该路段连续设置的各类警示标志，以及卡车制动检查站、避险车道出口提示、卡车下坡专用车道标志等。

图 7 I-17 连续长下坡路段警示标志

（标志牌内容：前方 2 英里开始长下坡，长度 18 英里）

图 8 I-17 连续长下坡路段警示标志

（标志牌内容：前方连续下坡坡度 4%~6%，长度 18 英里）

图 9 7I-17 连续长下坡路段警示标志

（标志牌内容：前方下坡坡度 6%，长度 4 英里，共 18 英里）

图 10 I-17 连续长下坡路段警示标志

（标志牌内容：前方 10 英里有避险车道）

图 11 I-17 连续长下坡路段警示标志

（标志牌内容：避险车道出口位置提示）

图 12 I-17 连续长下坡路段警示标志

（标志牌内容：前方下坡为坡度 5%，长度 1 英里，共有 14 英里）

图 13 I-17 连续长下坡路段警示标志

（标志牌内容：前方下坡坡度为 6%，长度 4 英里，共有 9 英里）

23.3 加州 I-8 长下坡路段（第一段）（图 14 ~ 图 18）

该路段位于加利福尼亚州境内，起点从圣地亚哥向东约 80 英里，终点在 Ocotillo 附近，车辆前进方向为东。该路段为典型山区高速公路，主体采用分离式双向四车道断面，在谷歌地图中标识为 Kumeyaay Fwy。该路段长陡下坡的坡度为 6%，长度达 12.8km（8 英里），设置有避险车道一处，卡车制动检查站一处。以下是该路段连续设置的各类警示标志。

图 14　I-8 连续长陡下坡路段警示标志

（标志牌内容：前方长陡下坡，下一个出口为制动检查区）

图 15　I-8 连续长陡下坡路段警示标志

（标志牌内容：前方长陡下坡，卡车使用低速挡）

图 16　I-8 连续长陡下坡路段警示标志

（标志牌内容：前方 5 英里是卡车避险车道）

图 17　I-8 连续长陡下坡路段警示标志

（标志牌内容：前方向左转弯）

图 18　I-8 连续长陡下坡路段警示标志

（标志牌内容：前方 7 英里下坡，坡度 6%）

23.4　加州 I-8 长下坡路段（第二段）（图 19、图 20）

该路段仍然位于加州境内的 I–8 高速公路上，位置从上一段的起点开始，行车方向为西，去往圣地亚哥。与上一段为同一条公路，属于典型山区高速公路，采用分离式双向四车道断面，在谷歌地图中标识为 Kumeyaay Fwy。该路段长陡下坡的坡度为 6%，长度达 20.9km（13 英里），未设置避险车道。以下是该路段连续设置的长陡下坡坡度、坡长等警示标志。

图 19　I-8 连续长陡下坡路段警示标志

（标志牌内容：前方长陡下坡，坡度 6%，长度 13 英里）

图 20　I-8 连续长陡下坡路段警示标志

（标志牌内容：前方 9 英里下坡，坡度 6%）

23.5　长陡下坡指标对比

很多人看到上述几段美国的长陡下坡信息之后，并没有觉得有什么大的不同，连续 16km、30km 的长陡下坡，在国内并不鲜见。但是，对于专业技术人员，尤其是具有公路路线勘察设计工程背景的专业人员，看到上述美国长陡下坡信息，都会不由得倒吸一口凉气的，甚至会惊掉眼镜！美国的纵坡竟然如此大！

实际上，公路纵坡指标采用同时受到地形条件、工程规模与造价、车辆通行条件、服务水平、安全性等诸多因素的限制，而对比公路连续性纵坡的大小，并不在于连续下坡的里程长短，重点在于对比以下几个方面：

（1）最大纵坡与坡长

即在下坡路段中，所采用到的最大的纵坡坡度与坡长数值。这一指标和参数是针对单一纵坡段而言的。通常连续下坡是由多个不同坡度和坡长的单一纵坡段相互连接构成的。

表1和表2是我国《公路路线设计规范》规定的不同设计速度时，公路的最大纵坡与坡长。

表1　最大纵坡

设计速度（km/h）	120	100	80	60	40	30	20
最大纵坡（%）	3	4	5	6	7	8	9

表2　不同纵坡的最大坡长（m）

设计速度（km/h）		120	100	80	60	40	30	20
纵坡坡度（%）	3	900	1000	1100	1200	—	—	—
	4	700	800	900	1000	1100	1100	1200
	5	—	600	700	800	900	900	1000
	6	—	—	500	600	700	700	800
	7	—	—	—	—	500	500	600
	8	—	—	—	—	300	300	400
	9	—	—	—	—	—	200	300
	10	—	—	—	—	—	—	200

图21是笔者收集到的美国亚利桑那州2012年发布的《公路设计指南》（ROADWAY DESIGN GUIDELINES）中，对各类公路在不同设计速度时所对应的最大纵坡推荐值。

通过对比表1和表2可以发现，对同一设计速度的山区高速公路，美国亚利桑那州推荐采用的最大纵坡是大于我国的。例如，在设计速度80km/h时（约50mph），国内最大纵坡坡度不能超过5%，而美国亚利桑那州则最大可以到6%。虽然，我国规范并未对下坡方向的最大纵坡的坡长提出限制，但在实际工程项目中，国内普遍仍按照上坡方向的最大坡长指标（即表2）进行控制，即最大坡长不会超过“表2”的规定。观察上述几段长下坡实例，查阅亚利桑那州《公路设计指南》，我们发现，美国最大纵坡对应的坡长并未受到限制，于是才会出现上述情况。

Table 204.3
Relation of Highway Types to Maximum Grades

Conditions	Design Speed (mph)								
	30	40	45	50	55	60	65	70	75
Controlled Access Highways									
Level Terrain							3%	3%	**3%**
Rolling Terrain							4%	4%	**4%**
Mountainous Terrain				6%	6%	6%	**5%**		
Urban/Fringe Urban Areas				4%	3%	3%	**3%**		
Rural Divided Highways									
Level Terrain						3%	3%	**3%**	
Rolling Terrain					5%	4%	**4%**		
Mountainous Terrain				7%	7%	**6%**			
Rural Non-Divided Highways									
Level Terrain						3%	3%	**3%**	
Rolling Terrain				5%	4%	4%	**4%**		
Mountainous Terrain				7%	**7%**	6%			

图 21

（2）平均纵坡与坡长

即一个连续下坡路段的平均纵坡坡度与坡长数值，这一指标和参数，是针对一个连续纵坡路段、多个纵坡段组合之后的累计性结果而言的。表3是我国《规范》对连续长陡纵坡的平坡坡度与坡长的控制性指标：

表3 连续长、陡下坡的平均坡度与连续坡长

平均坡度（%）	<2.5	2.5	3.0	3.5	4.0	4.5	5.0	5.5	6.0
连续坡长（km）	不限	20.0	14.8	9.3	6.8	5.4	4.4	3.8	3.3
相对高差（m）	不限	500	450	330	270	240	220	210	200

笔者了解到，目前世界各国正式颁布的公路设计技术规范中，只有我国根据货车性能过低等条件，研究提出了对高速公路平均纵坡与坡长的控制性指标。而且，即便是我国早期建设的山区高速公路，也几乎没有超过“表3”中的情况。美国未对高速公路下坡方向的纵坡提出平均纵坡与坡

长的限制和要求。因此，美国 I–15 高速公路中的 6% 坡度的公路长度达到 16km 的情况，在国内是不可想象的。

（3）实际工程应用对比

如果上述对中美之间纵坡指标的对比偏于专业，仍不便于广大民众快速了解问题的话，以下作者从实际工程应用的角度进行对比：

以加州的 I–15 长下坡路段为例，为了克服从山顶哑口到山下戈壁滩之间的 960m 的高差，美国 I–15 的设计者只用了 16km 的长下坡，而且从坡顶到坡底，甚至直接采用 6% 的一个坡度（或者是接近于 6%）。而在国内，同样为了克服 960m 的高差，工程设计人员为了给予车辆更平缓的纵坡条件，一般会有意识把平均纵坡坡度控制在 3% 左右。于是，通过平面展线等方法，必须把从哑口到戈壁滩的里程增加到 32km 以上。在具体设计中，往往需要结合地形条件把较大纵坡（如 5%，长度 700m）与缓坡段（如 3%，长度 200m）交替组合等。

最终，平均纵坡从 6% 降低到 3%，但该路段的里程就不得不增加一倍以上了。尽管对于一条高速公路而言，需要最大限度展线以降低纵坡的路段只是局部，但不难想象，局部里程增加一倍，会意味着什么。

（4）对比小结

根据笔者掌握，我国各地的山区高速公路，无论是以“死亡之坡”“魔鬼高速”而闻名的云南楚大高速、元磨高速，还是被赞誉为“云端上的高速公路”的四川雅西高速公路，其连续下坡的平均纵坡大致均在 3%（或者更小），极少有超出我国《规范》第 8.3.5 条连续长陡下坡指标的情况。但与本文前述几段的美国高速公路比较，与 6% 长度动辄 10 英里甚至更长的指标比较，真是在“颠覆国人价值观”了。

把上述几段美国高速公路纵坡采用情况与我国所谓的“死亡之坡”“魔鬼高速”进行对比，可得出：美国上述几个路段的纵坡（坡度 / 坡长）远远大于国内所有在建和已建的山区高速公路项目。从克服自然高差的角度，可以概括为：美国高速公路纵坡比国内大一倍甚至更多。

23.6 结语

通过以上调查对比，我们可以再次认识到：我国高速公路纵坡与美国等其他国家比较，总体是相对平缓，相对安全的。在我国高速公路等基础设施快速发展、甚至赶超世界的背景下，跟不上步伐、不能匹配的是我们对安全的教育、认识和管理。长下坡货车失控事故多发、频发的短板，正是在于对人的不安全行为和对车的不安全状态的管理不到位。笔者呼吁相关行业和部门，尽快摒弃错误的导向，扎扎实实在人、车的管理方面下功夫。事实和教训告诉我们：再平缓的纵坡，再宽容的设施，也无法保障违法、违规条件下的安全！

本文在对美国几条高速公路实地调查的基础上，仅仅重点对比、总结了长陡下坡指标与实际工程应用情况。后续，笔者等将结合收集到的美国高速公路安全调查报告等资料，视条件对美国长陡下坡安全运营管理以及车辆、驾驶行为等做进一步的调查分析，以期从另一个角度向行业内外揭示我国长下坡货车失控事故频发、多发的原因。

限于笔者专业水平、外语能力等原因，文中难免有错误或差漏之处，欢迎批评指正。同时，笔者希望关注国内交通安全问题、具有欧美相关专业科研和从业经验的专家和学者，能多多向国内介绍、剖析美国等发达国家实际工程设计、建设与安全管理的情况。